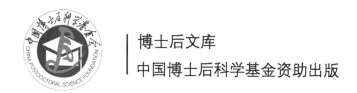

博士后文库

中国博士后科学基金资助出版

回转体出水的全非线性水动力学

倪宝玉 著

科学出版社

北 京

内 容 简 介

本书关注回转体从水下接近水面、穿透水面和脱离水面的全非线性运动过程，涉及到固、液、气三种介质的交界面变化，涵盖了结构及自由面变形、水膜破裂、水层脱落、空化初生、流固耦合和射流冲击等多种强非线性力学耦合下对结构体的安全影响。本书系统地阐述了出水问题的基本理论和模型实验方法，在此基础上，深入探讨全湿出水、带泡出水两大类，以及全湿强迫出水、全湿自由出水、带空泡出水和带气泡出水四小类出水问题。

本书适用于高等院校船舶与海洋工程、流体力学、港口航道与海岸工程等相关专业教学使用，也可作为相关专业研究人员的参考用书。

图书在版编目(CIP)数据

回转体出水的全非线性水动力学/倪宝玉著. —北京: 科学出版社, 2018.3
(博士后文库)
ISBN 978-7-03-055931-9

Ⅰ. ①回… Ⅱ. ①倪… Ⅲ. ①旋转体-非线性-水动力学-研究
Ⅳ. ①TV131.2

中国版本图书馆 CIP 数据核字 (2017) 第 309562 号

责任编辑: 刘信力 / 责任校对: 邹慧卿
责任印制: 徐晓晨 / 封面设计: 陈 敬

科学出版社出版
北京东黄城根北街 16 号
邮政编码: 100717
http://www.sciencep.com
北京建宏印刷有限公司 印刷
科学出版社发行 各地新华书店经销
*
2018 年 3 月第 一 版 开本: 720×1000 1/16
2019 年 1 月第二次印刷 印张: 11 1/2 插页: 1
字数: 209 000
定价:88.00元
(如有印装质量问题, 我社负责调换)

《博士后文库》编委会名单

《博士后文库》序言

　　1985 年，在李政道先生的倡议和邓小平同志的亲自关怀下，我国建立了博士后制度，同时设立了博士后科学基金。30 多年来，在党和国家的高度重视下，在社会各方面的关心和支持下，博士后制度为我国培养了一大批青年高层次创新人才。在这一过程中，博士后科学基金发挥了不可替代的独特作用。

　　博士后科学基金是中国特色博士后制度的重要组成部分，专门用于资助博士后研究人员开展创新探索。博士后科学基金的资助，对正处于独立科研生涯起步阶段的博士后研究人员来说，适逢其时，有利于培养他们独立的科研人格、在选题方面的竞争意识以及负责的精神，是他们独立从事科研工作的"第一桶金"。尽管博士后科学基金资助金额不大，但对博士后青年创新人才的培养和激励作用不可估量。四两拨千斤，博士后科学基金有效地推动了博士后研究人员迅速成长为高水平的研究人才，"小基金发挥了大作用"。

　　在博士后科学基金的资助下，博士后研究人员的优秀学术成果不断涌现。2013年，为提高博士后科学基金的资助效益，中国博士后科学基金会联合科学出版社开展了博士后优秀学术专著出版资助工作，通过专家评审遴选出优秀的博士后学术著作，收入《博士后文库》，由博士后科学基金资助、科学出版社出版。我们希望，借此打造专属于博士后学术创新的旗舰图书品牌，激励博士后研究人员潜心科研，扎实治学，提升博士后优秀学术成果的社会影响力。

　　2015 年，国务院办公厅印发了《关于改革完善博士后制度的意见》（国办发〔2015〕87 号），将"实施自然科学、人文社会科学优秀博士后论著出版支持计划"作为"十三五"期间博士后工作的重要内容和提升博士后研究人员培养质量的重要手段，这更加凸显了出版资助工作的意义。我相信，我们提供的这个出版资助平台将对博士后研究人员激发创新智慧、凝聚创新力量发挥独特的作用，促使博士后研究人员的创新成果更好地服务于创新驱动发展战略和创新型国家的建设。

　　祝愿广大博士后研究人员在博士后科学基金的资助下早日成长为栋梁之才，为实现中华民族伟大复兴的中国梦做出更大的贡献。

中国博士后科学基金会理事长

序

    物体出、入水因其在船舶与海洋工程、港口与海岸工程等工程领域的广泛应用而成为水动力学领域前沿和热点课题。典型的应用包含航行船舶的船艉或螺旋桨出水再高速入水，波浪砰击海洋结构物（入水）然后经过并脱离结构物（出水），海上安装或者沉船打捞过程中吊车降低或者提升物体通过自由表面和波浪表面等。尽管物体出、入水可以视为同一问题的两个方面，然而对于二者的求解方法和技巧却可能非常不同。以往学者对于物体入水的关注较多，相比而言，有关物体出水的研究和专著则尚显匮乏，有关物理现象和背后的力学机理亟待揭示。

    针对此研究现状，《回转体出水的全非线性水动力学》的撰写和出版是及时而必要的。该书主要采用数值模拟和物理实验，辅助理论解析方法，对回转体出水问题进行了相对系统的研究。书中第 1 章阐述了研究背景，将出水问题划分为 2 大类、4 小类，为后文研究提供了清晰的结构基础；第 2 章和第 3 章分别从数学方程（边界积分方程）和实验原理 2 个方面阐述了本书的数值模型（边界元模型）和实验方法的具体细节，为后文研究提供了详实的技术基础；第 4~第 6 章则分别采用建立的数值模型和实验方法对全湿物体强迫出水、全湿物体自由出水、带空泡物体出水和带气泡物体出水 4 类问题进行了系统而深入的研究，主要结果包含：描述了物体穿透水面和气泡在自由面溃灭的水层破裂的新准则，给出了细长椭球体跳出静水面的临界密度，解释了带有气泡物体出水过程中气泡在坍塌阶段形成各种射流的机理等。

    我真心地希望该书对读者能够有所帮助，也希望该书的出版能够对推动水动力学技术发展有所贡献。

G. X. WU（吴国雄）

伦敦大学学院教授、首批 "千人计划" 专家

2017 年 6 月 16 日

前　　言

　　物体出水是指物体从水下经过水和空气的交界面进入空气的运动过程。20 世纪 40 年代末,军事领域开始采用水下发射导弹 (又称潜射武器) 的方式,这一应用快速地促进了出水问题的研究。部分国家开始投入专门经费研究物体出水过程中的非线性水动力学问题,例如美国海军研究办公室 (ONR) 自 20 世纪 50 年代起资助了大量有关航行体出水的基础研究,也正是这些基础科研,支撑了美国潜射武器的快速发展。实际上,物体出水不仅在军事领域具有重要作用,在船舶与海洋工程等诸多其他领域也都有重要应用,例如高速运动的船艇或者螺旋桨在快速航行中的出水、海洋平台立柱或浮标在波浪作用下的出水、海上装配时部分构件的出水以及海洋沉船搜救打捞等。

　　由于涉及固、液、气三种介质的交界面,物体出水是个极具挑战性的物理和数学难题,可能涉及结构湿表面的剧烈变化、自由面的大变形、水膜破裂、水层脱落、空化初生、气体捕获、流固耦合和射流砰击等多种强非线性力学问题,形成的流体载荷可能对结构物的安全性构成威胁。基于此,本专著以《回转体出水的全非线性水动力学》为题,详细阐述回转体出水问题的基本理论,考虑流体和结构的全非线性边界条件,建立回转体出水的轴对称数学模型,分别模拟物体全湿出水和带泡出水 2 大类问题,分析相应的数值计算结果和相关物理现象,力图揭示复杂物理现象背后的力学机理。

　　本专著以理想流体假设为前提,专注于研究全非线性边界条件下回转体轴对称出水问题,全书共分为 6 章。第 1 章介绍物体出水问题的研究背景和意义,对物体出水问题进行定义和分类,将物体出水分为全湿出水和带泡出水 2 大类和全湿强迫出水、全湿自由出水、带空泡出水和带气泡出水 4 小类问题,并系统介绍了每一类物体出水问题的国内外研究现状。第 2 章详细阐述了出水问题涉及到的理论基础和基本数学方程,简要介绍格林函数法求解拉普拉斯方程的基本方法,为后续数值模拟提供基础。第 3 章从物理实验角度入手,介绍全湿物体出水实验的实验原理、装置设计和实验流程等,为后续模型实验提供基础。第 4 章开始研究全湿强迫出水这一类问题,并根据物体初始是否与自由面有交线而将问题细分为全浸没出水和半浸没出水 2 个子类,联合数值模拟和物理实验进行系统研究。第 5 章关注全湿自由出水这一类问题,采用细长体理论推导物体完全依靠自身浮力跳出水面的临界密度,在此基础上应用边界元法分析轻质物体密度低于临界密度和高于临界密度 2 种不同情况下自由出水的差异及原因,并通过实验对比验证数值分析的有效性。第 6 章关注物体带泡出水过程，分别建立带空泡出水和带气泡出水 2 类数学模型，系统地研究空泡–物体、气泡–物体–自由面等多种介质的耦合问题。

本专著着重讲解了物体轴对称出水问题的数值实现过程，希望能够为对此领域感兴趣的学生提供了一个详细的参考思路。本专著既可作为研究生相应课程的教材，又可作为本科生相关教材的参考资料，还可为从事船舶与海洋工程、流体力学等相关专业工作的科技人员提供一些参考。这里需要指出的是，物体出水问题非常庞大且复杂，本专著仅包含物体出水问题的一小部分，后续还需要对物体出水如非轴对称出水等问题进行大量的深入研究。

本专著的部分内容是作者在英国伦敦大学学院 (University College London) 机械工程系进行博士后进修时的研究成果，期间得到了合作指导教师吴国雄教授的细心指导和耐心讲解，在此作者深表谢意。另外，本人博士指导教师张阿漫教授对本专著的撰写提出了许多很宝贵的意见，在此深表感谢。本人指导的硕士研究生武奇刚、崔冰、李志鹏和胡文进也参与了本专著部分章节的结果提取、排版和校对等工作，在此一并感谢。

本专著的部分研究成果得到了国家自然科学基金 (Nos. 51639004, 51579054, 11472088)、中国博士后国际交流计划派出项目 (No. 20140068) 和中国博士后基金 (No. 2013M540272) 的资助，作者在此深表谢意。

由于作者水平有限，加之撰写时间紧迫，书中定有不当之处，敬请读者批评指正。

作　者

2017 年 3 月

目　　录

前言

变量符号表

第 1 章　绪论 ··· 1

1.1　研究的背景和意义 ··· 1

1.2　出水与入水问题的联系和区别 ·· 3

1.3　出水问题的分类和研究概述 ··· 4

1.3.1　全湿出水研究 ·· 5

1.3.2　带泡出水研究 ·· 8

1.4　本章小结 ·· 12

参考文献 ·· 12

第 2 章　数学方程和数值模型 ·· 17

2.1　控制方程和初边值条件 ··· 18

2.2　格林函数方法和边界积分方程 ·· 20

2.3　数值模型 ·· 21

2.3.1　数值离散和矩阵求解 ·· 21

2.3.2　切向速度和全速度 ·· 24

2.3.3　表面张力 ··· 26

2.3.4　时间步进 ··· 27

2.3.5　无量纲化 ··· 28

2.4　数值技术 ·· 29

2.4.1　数值光顺和网格重组技术 ·· 29

2.4.2　固液交界点的特殊处理 ··· 30

2.4.3　间接边界元法计算流场速度 ··· 31

2.4.4　辅助函数法计算物面压力 ··· 32

2.5　本章小结 ·· 33

参考文献 ·· 34

第 3 章　实验原理和实验设计 ·· 35

3.1　实验系统 ·· 35

3.1.1　物体出水实验装置设计 ··· 35

3.1.2　物体出水实验控制方案 ··· 38

3.1.3　实验模型的设计与安装 ··· 38

3.2　实验总体方案 ··· 40

　　3.2.1　调试阶段 ·· 40

　　3.2.2　预备阶段 ·· 41

　　3.2.3　实验阶段 ·· 41

　　3.2.4　后处理阶段 ·· 41

3.3　测量分析技术和方法 ·· 42

3.4　不同类型出水实验方法 ·· 43

　　3.4.1　半浸没物体强迫出水 ·· 43

　　3.4.2　全浸没物体强迫出水 ·· 43

　　3.4.3　全浸没物体自由出水 ·· 44

3.5　本章小结 ··· 45

参考文献 ·· 45

第 4 章　全湿物体强迫出水 ·· 46

4.1　自由面破裂和脱落的处理方法 ·· 46

　　4.1.1　自由面破裂处理方法 ·· 47

　　4.1.2　细长射流的截断方法 ·· 48

　　4.1.3　物体脱离水面处理方法 ·· 48

4.2　全浸没椭球体强迫出水 ·· 49

　　4.2.1　收敛性分析 ·· 49

　　4.2.2　数值与实验对比 ·· 51

　　4.2.3　数值模拟分析 ·· 53

　　4.2.4　物理参数影响 ·· 68

4.3　全浸没圆球体强迫出水 ·· 71

　　4.3.1　数值与实验对比 ·· 71

　　4.3.2　物理参数影响 ·· 73

4.4　半浸没椭球体强迫出水 ·· 75

　　4.4.1　数值与实验对比 ·· 76

　　4.4.2　物理参数影响 ·· 77

4.5　半浸没圆球体强迫出水 ·· 78

　　4.5.1　数值与实验对比 ·· 78

　　4.5.2　物理参数影响 ·· 80

4.6　半浸没圆锥体强迫出水 ·· 81

　　4.6.1　数值与实验对比 ·· 81

　　4.6.2　物理参数影响 ·· 83

4.7　本章小结 ………………………………………………………… 84

参考文献 …………………………………………………………………… 84

第 5 章　全湿物体自由出水 …………………………………………… 86

5.1　流固解耦方法 ………………………………………………………… 86

5.2　细长体理论 …………………………………………………………… 88

5.3　水面融合的处理方法 ………………………………………………… 91

5.4　椭球体完全自由出水 ………………………………………………… 92

5.4.1　收敛性分析 …………………………………………………… 92

5.4.2　边界元法与细长体理论对比 ………………………………… 93

5.4.3　数值模拟分析 ………………………………………………… 94

5.4.4　物理参数影响 ………………………………………………… 96

5.5　圆球体完全自由出水 ………………………………………………… 99

5.5.1　数值与实验对比 ……………………………………………… 99

5.5.2　数值模拟分析 ………………………………………………… 101

5.5.3　物理参数影响 ………………………………………………… 103

5.6　椭球体自由出水再入水 ……………………………………………… 106

5.6.1　数值与实验对比 ……………………………………………… 107

5.6.2　物理参数影响 ………………………………………………… 109

5.7　本章小结 ……………………………………………………………… 112

参考文献 …………………………………………………………………… 113

第 6 章　带泡物体出水 ………………………………………………… 114

6.1　带有空泡物体运动的基本理论 ……………………………………… 114

6.1.1　控制方程和边界条件 ………………………………………… 114

6.1.2　迭代过程 ……………………………………………………… 117

6.2　带有气泡物体运动的基本理论 ……………………………………… 118

6.2.1　控制方程和边界条件 ………………………………………… 118

6.2.2　气泡在自由面破裂的处理方法 ……………………………… 120

6.3　带有空泡物体水下运动阶段 ………………………………………… 123

6.3.1　数值与实验对比 ……………………………………………… 123

6.3.2　数值模拟分析 ………………………………………………… 124

6.3.3　物理参数影响 ………………………………………………… 125

6.4　带有气泡物体水下运动阶段 ………………………………………… 128

6.4.1　收敛性分析 …………………………………………………… 128

6.4.2　数值模拟分析 ………………………………………………… 129

6.4.3　物理参数影响 ………………………………………………… 133

　　6.5　带有气泡物体接近水面阶段 ···139
　　　　6.5.1　收敛性分析 ···140
　　　　6.5.2　数值模拟分析 ···141
　　　　6.5.3　自由面效应分析 ···144
　　　　6.5.4　物理参数影响 ···147
　　6.6　带有气泡物体穿越水面阶段 ···150
　　　　6.6.1　物体穿越水面阶段 ···150
　　　　6.6.2　气泡破裂水面阶段 ···154
　　6.7　本章小结 ···158
　　参考文献 ···158
附录 ···160
　　参考文献 ···164
编后记 ···165
彩图

变量符号表

英文符号

a,b	椭球短、长半轴	P_l	气泡表面处流体压力
$\boldsymbol{a}$	矢量势	P_g	气泡表面处气体压力
A	肩空泡闭合参数	$\boldsymbol{P}$	边界固定点
C,D	常量或待定系数	$\boldsymbol{q}$	边界积分点
c_p	压力系数	$\boldsymbol{R}, \boldsymbol{r}$	位置矢量
D	圆球直径	R	气泡半径
E	能量	Re	雷诺数
E_f	机械能	r,θ	极坐标分量
E_k	动能	s	弧长
E_p	势能	S	边界表面
$\boldsymbol{F}$	流体力	t,T	时间
Fr	傅汝德数	U,V,W	物体平动速度的三个分量
$g,\boldsymbol{g}$	重力加速度 (标量, 矢量)	V	体积
G	格林函数	v_{jet}	射流速度
$\boldsymbol{G}, \boldsymbol{H}, G_{ij}, H_{ij}$ 系数矩阵, 对应元素		$\boldsymbol{W}$	物体运动速度或来流速度
h	物体中心距自由面初始距离	W_F	功
$\boldsymbol{J}$	雅可比矩阵	We	韦伯数
L	长度	$\boldsymbol{x}$	位置矢量
m,M	质量	x,y,z	直角坐标分量或笛卡儿坐标系
M_u	附加质量	$\mathbf{i}, \mathbf{j}, \mathbf{k}$	直角坐标单位向量
$n,\boldsymbol{n}$	单位法向量 (标量, 矢量)	$\boldsymbol{e_n}, \boldsymbol{e_s}, \boldsymbol{e_\theta}$	局部曲线坐标单位向量
O	坐标原点	u,v,w	直接坐标速度分量
P,p	压力	u_r, u_θ, u_z	柱坐标系速度分量
P_v	饱和蒸汽压	z_c	气泡形心 Z 向坐标
P_{vc}	黏性修正压力		

希腊符号

α	夹角	ξ	插值函数
β	圆锥顶角	π	圆周率
γ	分布源密度	ρ	密度
δ	肩空泡闭合参数	σ	空化数
τ_n	附加法向应力	$\tilde{\sigma}$	表面张力系数
τ_s	附加切向应力	μ	动力黏性系数
$\tau, \boldsymbol{\tau}$	单位切向量 (标量, 矢量)	υ	肩空泡闭合参数
$\varepsilon(\boldsymbol{p})$	$\boldsymbol{p}$ 点处立体角	χ	辅助函数
ς	自由面高度	ϕ	扰动速度势
η	长度参数	Φ	总速度势
ζ	强度参数	ψ	单位速度势
ι	比热率	∇	哈密尔顿 (Hamilton) 微分算子
κ	曲面局部曲率	δ_{ij}	克罗内克 (Kronecker) 符号
λ	距离参数		

上下标及其他规定

对于任意的变量 Q, 如无特殊说明, 有

$\bar{Q}$	无量纲量	ΔQ	增量、差量
Q_0	初始物理量	Q_i	第 i 时间步的物理量
$Q_{\rm b}, Q_{\rm B}$	气泡边界上物理量	Q_n	法向分量或法向导数
$Q_{\rm C}$	空泡边界上物理量	$Q_{\rm ref}$	参考量
$Q_{\rm F}$	自由面边界的量	$Q_{\rm lold}$	总量
$Q_{\rm W}$	物体表面边界的量	$Q_{\max}, Q_{\min}$	最大和最小的物理量
Q_∞	无穷远处物理量	$Q_x, Q_y, Q_z \ x,y,z$	三个方向分量或导数

第1章 绪 论

1.1 研究的背景和意义

物体出水问题一直是船舶与海洋工程领域和水动力学领域的一大难点问题。早在 1965 年，流体动力学大师 J. P. Moran[1] 就指出："物体出水是个极具挑战性的物理和数学难题，可能涉及到自由面的大变形、水层破裂、空化、重力 (有限的傅汝德数)、黏性、气体密度和表面张力等 …… 对于物体穿越水面过程，没有任何一种理论分析方法能够产生通用而有效的近似结果。" 近年来，我国学者也多次从不同角度强调物体出水，尤其是高速物体出水的难点和重要性，如刘桦等[2] 的《"十一五" 水动力学发展规划的建议》和颜开等[3] 的《出水空泡流动的一些研究进展》等。因此，研究物体出水问题的流体动力学特性具有重要的科学意义。除了重要的科学意义和学术价值，结构物出水问题在海防、船舶与海洋工程和海洋资源勘探等领域还具有重要的工程应用价值，典型的出水问题包括水下兵器的发射、潜艇的出水、海洋搜救打捞工作、船舶和海上平台在恶劣海况下的航行和工作等，如图 1.1 所示。

(a) 导弹发射出水

(b) 潜艇上浮出水

(c) 海上打捞沉船工作

(d) 恶劣海况下的军舰

图 1.1 几种典型的物体出水现象 (图片来源于网络)

　　水下兵器的发射是公认的最为复杂的物体出水问题之一。业内通常将潜射导弹的发射,根据弹体在水下是否直接与水接触而分为湿发射和干发射两种模式:湿发射是指直接将导弹从水下弹射出去,发射过程中弹体和水直接接触;干发射是指将导弹放在封密容器中,发射时将容器弹出水面后导弹分离点火,整个过程中不和水接触。一般而言,湿发射对弹体的要求高,难度大。导弹在高温高压气体的弹射下脱离潜艇,在水下开始向上运动,穿透水面,最后在空中飞达到预定目标实施攻击。在整个发射过程中,导弹经历了水下运动、穿透气液交界面、空气中运动 3个过程。导弹在穿过交界面的过程中,自由面的变化对导弹的运动姿态会产生重要的影响。

　　此外,由于弹体的运动速度很高,在弹体的头肩部等曲率变化剧烈的局部,很容易因为压力低于当地饱和蒸气压而产生空泡现象。肩空泡的形成一方面会改变水中运动过程中弹体的水动力载荷和航行姿态等,更为重要的是肩空泡会在物体穿越水面过程中不断溃灭。研究表明,空泡溃灭砰击载荷对弹体结构强度和姿态控制都会造成严重威胁[3],是影响导弹发射成功与否的关键因素之一,如图 1.2 所示。为了解决这一难题,一种途径是 “主动通气”[4],即在弹体的肩部表面开有内嵌端口,从端口喷出一定流量和压力的气体,气体将与肩气泡混合为混合气泡,或称通气气泡,如图 1.3 所示。通气气泡有利于降低弹体遭受的摩擦阻力,便于控制物体水下流体载荷;同时因内压提升,可有效降低穿越水面阶段的空泡溃灭砰击载荷[4]。在流体力学方面,主动通气气泡的引入,使得原本复杂的力学环境变得更加复杂。一方面,在水下航行阶段,不可冷凝的气体与可冷凝的水蒸气混合在一起,混合气泡的形态、滑移、脱落和稳定性等问题均与自然空化的肩空泡不同;另一方面,在穿越水面阶段,混合气泡的破裂特性和射流砰击等物理行为也会发生很大变化,而其背后的力学机理尚未被完全揭示。

图 1.2　带有肩空泡的物体出水过程[5]　　　图 1.3　带有通气气泡的物体出水过程[6]

　　在海防领域,滑行艇以其快速性及低阻性能受到广泛的应用,常被用来承载水下高速航行体等，但是在这一滑行过程中，船体底部在波浪中会形成持续不断的出水、入水砰击状态，巨大的作用力使得滑行艇很容易发生破损事故。在海上石油开发过程中，石油平台经常会遇到高海况天气，在巨大的风浪作用下，平台下部的箱体结构、柱桩支架等会上下浮沉，猛烈地撞击海面，这对平台的结构性能提出了巨大的考验。而在海上搜救打捞技术方面，也涉及物体出水问题。海底沉船或被打捞物体在海上起重船等打捞设备的牵引下，从水下以一定的速度向上或者斜向上运动，穿透水面被打捞上岸。在这一过程中，打捞起重设备的布局设计、起重所需要的力的大小以及自由面的变化都需要计算考虑，才能确保搜救打捞工作的安全、顺利进行。

可见，无论是潜射武器的完全出水，还是滑行艇或者海洋平台在恶劣海况下的部分出水，都涉及到了固、液、气多相耦合等一系列复杂的物理问题。在这一过程中，物体的湿表面会快速发生改变，自由面会产生隆起大变形、破裂震荡以及射流等的物理变化，甚至会产生气泡、空泡的破裂溃灭等瞬态强非线性问题[7]。正是由于出水问题的复杂性，使得很多现象尚未被完全捕获，背后的力学机理尚未被完全揭示，例如结构出水时的力学特征，物体出水过程中自由面的变化以及对出水过程产生的影响等。目前，国内外虽然对出水问题研究在不断丰富，但是对以上问题的机理研究比较匮乏，尤其是很多问题局限于数值模拟阶段的研究，很多物理现象的实验观测比较缺乏。鉴于此，本书将联合理论分析、数值模拟和实验研究，试图揭示复杂物理现象背后的力学机理，为相关的研究工作提供一定的参考。

1.2　出水与入水问题的联系和区别

在系统阐述出水问题之前，有必要先阐述一下出水问题和入水问题的联系和区别，以便读者对出水问题有更全面的了解。在船舶与海洋工程领域的许多实际应用中，出水和入水是相互关联的两个问题。它们分别对应物体和自由面相对运动的不同阶段，例如高速运动的船头或者螺旋桨露出水面（出水）再快速砰击入水；波浪撞击船舶或者海洋平台（入水），然后从结构物表面通过并脱离（出水）；在海洋打捞中物体通过起重设备在波浪中出水和入水等。在很多情况下，流场和结构物之间的相对速度是非常大的。压力和速度分布、自由面形状和湿表面等物理量在空间和时间上的变化是相当剧烈的。这是出水和入水问题的内在联系。

另一方面，二者也具有明显的区别。首先，入水通常是"加载过程"，物体的湿表面积随着时间剧烈增加，会对物体表面上形成砰击效应，即在入水的初始阶段在物体表面上形成较大的压力峰值；而出水问题则常被认为是"卸载过程"，因为物体湿表面积在逐渐减小直至物体完全脱离水面，故通常认为出水过程是安全的，这也是以往的学者通常关注入水问题而忽略出水问题的原因。其次，从数学建模的角度而言, 出水问题也不能简单地认为是入水过程的逆过程。例如, 入水问题中最常用也最知 名的理论之一是 Wagner 理论[8]。该理论首先假设自由面是未被扰动的, 然后当流场求解后, 再修正物体表面与自由面的交点位置。而出水问题中则很难应用 Wagner 理论。此外, 对于高傅汝德数 (忽略重力效应) 下常速入水的楔形体是自相似的[9−11], 具有相似解, 而对应的出水问题却没有相似解。最后, 入水和出水问题可能会具有各自独特的物理现象。例如, 入水问题是将水向四周推开, 对应的典型现象之一是在自由面产生砰击射流; 而出水问题则对应着物体上部的流体层越来越薄, 直到被物体撕开, 随着物体的进一步向上运动, 流体将最终与物体完全脱离。不同的物理现象则会引入不同的数学和数值难题。

基于上述的分析可见, 尽管出水问题与入水问题很大程度上可视为一个问题的两个侧面, 但是在数学建模和数值求解上却可能产生很大的差异。鉴于关于出水的系统研究尚十分匮乏, 接下来本书将集中阐述出水问题的研究。

1.3   出水问题的分类和研究概述

物体的出水问题具有广泛的工程应用价值, 因此从 20 世纪 30、40 年代开始, 有很多学者对其展开了理论和实验研究。例如, 因潜射武器发展的需求, 美国海军研究办公室 (ONR) 自 20 世纪 50 年代起资助了大量有关回转体出水的基础研究。也正是这些基础科研, 支撑了美国潜射武器的快速发展。但也正由于物体出水问题具有很强的国防军事背景, 对国防安全领域具有重要的应用价值, 因此各国的相关科研内容和技术发展情况很少对外公布, 可以学习研究的资料并不多。同时由于出水问题所涉及到的物理现象的复杂性, 以往的大部分研究工作局限于 2 维问题, 很多出水问题所伴随的物理现象亟待探究和发掘, 背后的力学机理尚不清晰, 亟待揭示。

根据出水前物体表面是否完全与水接触, 本书将出水分为全湿出水和带泡出水两大类: 其中全湿出水又根据是否有外力驱动而分为强迫出水和自由出水; 带泡出水又根据泡的属性分为带自然空化泡出水和带主动通气泡出水两类, 如图 1.4 所示。通常而言, 全湿出水对应低速物体, 带自然空化泡出水对应高速物体, 速度高低的临界值与物体的自身形状有关。而带主动通气泡出水则不取决于速度, 而取决于物体表面是否带有通气孔以及通气压力和速率等, 属于人为主动控制的结果。为方便描述, 如无特殊说明, 本书以下将带自然空化泡出水简称为**带空泡出水**, 带主动通气泡出水简称为**带气泡出水**。

为了系统地研究出水问题, 本书将分别研究全湿出水和带泡出水 2 大类出水问题。

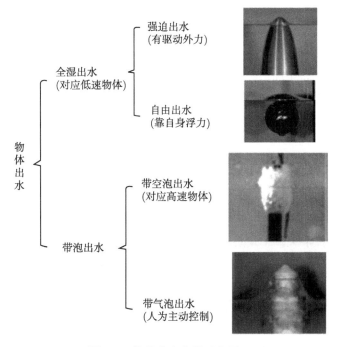

图 1.4　物体出水分类示意图

1.3.1　全湿出水研究

　　这里所谓的 "全湿物体" 是指物体在穿越水面之前，物体表面完全与水接触，即表面不存在空泡或气泡。早期物体出水的研究均只考虑全湿物体。尽管没有空泡或气泡的干扰，但是物体出水并不容易解决，这主要是因为物体出水过程中要穿越自由液面，涉及到自由面大变形和水层破裂等技术难题。

　　早期的出水研究多基于水平自由面不变形或线性变形的假设，采用半解析半数值模拟方法推导模拟物体出水。在此条件下，只要物体的最低点高于平的自由面，则认为物体已经完全出水。通过将边界条件按照物体的细长比进行展开，Moran[12] 开发了二阶的细长体理论。Moran[13] 又进一步采用镜像法考虑了固定源强度的点源向自由面运动的问题，基于此，Moran[1] 给出了物体出水的综述论文，总结了此前人们在解析解和细长体理论等方面的研究贡献。Lee 和 Leal[14] 提供了许多物体出水方面的理论分析，在液面近似小变形的假设下给出了球体向初始水平自由液面垂直运动时的解析解。在物体逼近自由面的过程中，物体上部的水层由于受到挤压向上隆起。最近，Tassin 等[15] 研究了体积随时间变化的 2 维物体入水再出水过程。在入水阶段，自由面的抬升是采用经典的 Wagner 理论计算得到的；在出水阶段，自由面的抬升则是采用改进的 Von Karman 方法[16]，然而物体与自由面的交点位置并不是通过物体与静水面交点确定的, 而是通过在物体入水 (向下运动) 转向出水 (向上运动) 的对应时刻自由面与物体表面的交点而确定的。Korobkin[17] 研究了初始半浸没于水中的 2 维或轴对称物体以某一给定加速度向上运动的出水问题。线性化的自由面边界条件在初始未扰动的平均位置上满足, 物体湿表面在每一步都投影到平均自由表面上, 则对于给定时间步的解, 物体的精确形状是没有影响的, 仅由交点确定的湿表面积长度确定。换言之, 物体湿表面积的形状由 “相当平板近似理论” 简化替代。Korobkin 等[18] 将此问题由给定的某一定加速度扩展到给定的可变加速度出水过程, Khabakhpasheva 等[19] 又进一步将此问题扩展到与 Tassin 等[15] 考虑的类似的可变形物体的出水问题。

实际上, 因物体的扰动, 自由面一定会产生变形。对于物体引起自由面变形问题, 较常用的方法之一是基于势流理论的边界元方法 (BEM)。叶取源和何友生[20] 采用 BEM 求解了轴对称物体的垂直出水过程, 包括水下运动、接近液面和穿出水面的过程, 物面和自由面上均采用非线性边界条件。在此基础上, 叶取源和何友声[21] 又基于摄动理论研究轴对称体大角度斜出水过程的非线性问题。以出水角的余角为小参数进行摄动展开, 简化 3 维非线性问题为 2 维非线性问题, 给出了零阶、一阶和二阶解的积分形式。叶取源和何友声的工作具有重要的理论意义, 但是并没有给出物体穿出水面时刻具体的网格和模型处理方法, 从数值角度而言, 尚需进一步研究。鲁传敬[22] 将点源分布在轴对称体轴线上, 采用线性化自由面和物面边界条件, 模拟了轴对称细长体穿越两层不同密度流体的过程。Greenhow 和 Moyo[23] 基于复速度势采用全非线性 BEM 求解了 2 维圆柱定速出水问题。数值结果与前人的小时间步展开解吻合良好, 但是物体表面总附着着一层液体薄膜, 即计算仅模拟到在自由面破裂之前。类似地, Moyo 和 Greenhow[24] 模拟了 2 维轻质圆柱体在浮力作用下的自由出水, 采用时间差分迭代求解流固耦合过程, 液体薄膜仍然存在于物体表面, 数值模拟工作在自由面破裂之前被迫终止。最近, Rajavaheinthan 和 Greenhow[25] 采用 BEM 研究了 2 维物体在给定加速度下的出水过程。物体最初是浮在水面上的, 故没有模拟物体接近并穿透水面的过程。在自由液面脱落的后期, 其数值结果会发散, 故也没有模拟水层与物体的完全脱落。为了解决这些难题, 倪宝玉等[26] 提出了解决自由面破裂和物体从水中脱离的数值办法: “水膜破裂准则” 和 “水层脱落方法”, 从而成功地模拟了椭球体接近水面、穿越水面和脱离水面的全非线性过程, 以及物体出水后自由液面的振荡和兴波。计算了物面压力和合力等相关物理量, 以及傅汝德数和椭球长短径比例对出水过程的影响。

随着计算机技术的飞速发展, 计算流体力学 (CFD) 算法和技术蓬勃发展, 并在物体出水领域得到了广泛应用。CFD 算法的基本思想是求解连续性方程和 Navier-Stokes (N-S) 方程组成的控制方程, 选择不同离散方法、数值求解方法或者湍流模型。对于水、气两相的处理, 主要有两种主流方法: 一种是多相流方法, 使用输运方程模型来求解体积分数输运方程, 其中包含了代表不同相之间的动量交换的源项; 另一种是均相流方法, 将水、气混合物视为单一介质, 均相流内的密度或空隙度是变化的, 通过控制空隙度, 求解质量守恒和动量守恒方程组, 包括湍流输运方程。近年来, 在全湿流物体出水方面应用得较成功的 CFD 算法有约束插值剖面法 (CIP)、流体体积法 (VOF)、水平集法 (Level/Set)、标记网格法 (MAC)、浸没边界与流体体积耦合法 (IBM-VOF)、浸没边界与水平集耦合法 (IBM-Level/Set) 及光滑粒子法 (SPH) 等[27−31]。较之常规的势流理论, CFD 方法可以考虑摩擦阻力和漩涡脱落等流体黏性的影响。但是鉴于计算量的约束, 目前公开发表的文献中, CFD 模拟仍主要局限于 2 维或轴对称物体。同时, 部分 CFD 算法在处理自由面破裂和水层沿物体表面脱落等细节问题中还是存在一定的数值噪声, 有待进一步完善。

在模型实验方面, 国外公开发表的文献多关注于圆柱剖面或圆球。Greenhow 和 Lin[32] 对初始完全浸没的 2 维圆柱体的出水问题进行了实验研究。由于实验圆柱体的密度小于水的密度, 当它在水底被释放后, 它会自由上浮, 这一过程就是 "自由出水"。他们让 2 维轻质圆柱体在初始静水中上浮, 应用高速摄影仪记录圆柱体初始经历的加速过程和之后逐渐趋近于某一恒定速度上浮的过程。Miao[33] 对 2 维圆柱体在强迫出水过程中的水动力变化进行了实验研究。实验模型被外力驱动以恒定的速度破出水面。摄影仪被用来拍摄物体以恒定速度穿越水面过程, 压力传感器被用来测量物体表面上流体动压力的变化过程。Liju 等[34] 采用发动机驱动一可向上运动的细支杆, 在细支杆的上端可以安装不同尺寸和形状的轴对称体, 在支杆的推力作用下, 将轴对称体推出水面。应用此装置研究不同尺度、不同出水速度或傅汝德数下自由液面的变化情况, 此外, 实验还在不同流体介质条件包括不同黏性系数 (雷诺数) 和表面张力 (韦伯数) 下进行。另一方面, 他们采用轴对称边界元法, 数值模拟该过程中自由液面的上升情况, 数值解与实验值在前期吻合良好。他们采用的实验模型尺寸相当小, 同时模型出水的速度也非常慢。同时, 他们的研究重点在于物体穿透水面之前自由液面的变化, 被称之为 "水冢效应"。但是物体穿透水面的过程和自由液面分离的过程没有予以考虑。张军等[35] 运用砝码和滑轮组合拉动模型垂直出水, 模型出水的速度可以通过改变砝码的重量实现。PIV 测试技术被用来对物体出水过程中近自由面瞬态流场进行试验研究, 定量化地给出了物体出水时近自由面的瞬态历程, 为更加直观地了解物体出水的复杂流动机理提供了一种新型细观方法。Tveitnes 等[36] 开发了一种新型实验装置, 用于驱动楔形体模型以接近恒定的速度进行垂直出水或入水实验。他们发现, 在楔形体模型出水过程中水动力阻碍模型出水, 起到了阻力的作用。基于出水实验的数据, 估算了不同内角的楔形体在不同出水阶段的阻力系数。Colicchio 等[37] 采用相当精细的实验装置模拟 2 维圆柱体的落水和出水过程。类似于 Greenhow 和 Lin[32], 圆柱体的材质密度小于水的密度, 在初始自由释放后将在浮力的作用下自由上浮, 采用 PIV

技术获得物体周围流场的变化,如图 1.5 所示,并记录了圆柱体型心位置和速度曲线。研究发现,在圆柱体高速出水过程中气泡会被捕获在圆柱体下表面。基于水平集算法的数值模拟表明,在气泡填充部分是负压区域。

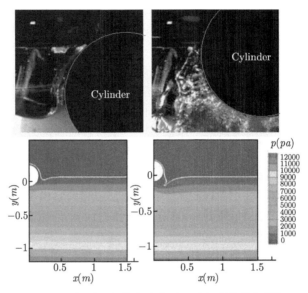

图 1.5　轻质圆柱体出水实验照片与数值模拟[37]

1.3.2　带泡出水研究

1. 带空泡出水

如前所述,当物体在水下高速航行时,在其曲率变化较大的头肩部会自然空化形成肩空泡。肩空泡的形成使得周围的流场变得十分复杂,理论解析方法很难应用,故主要的研究手段集中在数值模拟和物理实验上。鉴于课题的敏感性,国外目前可查阅到的资料主要侧重于水翼和螺旋桨空泡问题。但对于轴对称物体空泡问题的发表文献较少。相对而言,国内在这方面的研究资料更丰富。

对于数值模拟,与全湿物体类似,主要方法有基于势流理论的 BEM 方法和基于 NS 方程的 CFD 算法等。BEM 方法主要用于研究恒速运动的定常问题,冷海军和鲁传敬[38],傅慧萍和李福新[39] 在空泡尾部分别采用压力恢复模型和速度过渡区闭合模型,模拟轴对称细长体的局部空化流动。刘巨斌等[40] 采用 BEM 分析轴对称细长体的锥角、空化数对于空泡的长度和厚度的影响。贾彩娟等[41] 阐述并对比了几种肩空泡尾部闭合模型,如压力恢复闭合模型、回射流模型、镜像板模型、过渡流模型等。倪宝玉等[42] 应用 3 维 BEM 模拟了回转体表面的空化现象,获得在不同攻角条件下物体表面 3 维空泡的稳定形态。

在肩空泡出水溃灭砰击方面，研究文献相对比较匮乏。罗金玲和毛鸿羽[43] 采用简化封闭模型，假设肩空泡在溃灭过程中一直保持闭合状态，空泡由于内外压差的作用而失去稳定性，形成了射流冲击现象，粗估了空泡溃灭过程中水气混合射流产生动压力的峰值量级。权晓波等[44]，鲁传敬和李杰[4] 采用空泡截面独立膨胀原理，将 3 维肩空泡的溃灭问题简化为各自截面 2 维溃灭问题，从而在柱坐标系中建立并求解 2 维空泡壁面方程，获得空泡的溃灭时间、溃灭速度和溃灭压力等，指出提高泡内气体含量可以有效减低空泡导致的水动力冲击载荷。颜开和王宝寿[3] 系统地总结了出水空泡流动的一些研究进展，他们就细长体穿越水面过程中的空泡溃灭现象进行了定性描述，特别指出，目前仍没有掌握细长体穿越水面瞬间的空泡溃灭条件和引起的压力脉动规律。陈玮琪等[45] 基于空泡截面独立膨胀原理，建立了有限水深重力流体中出水空泡长度变化的数学模型并给出了解析解。赵蛟龙等[46] 基于势流理论和双渐进方法，建立肩空泡出水溃灭砰击载荷模型。

近期，带有自然空化气泡物体出水的研究主要采用 CFD 方法。如前所述，对于多相流动的模拟，通常采用多相流方法或者均相流方法。一般而言，多相流方法在考察空泡流场精细结构方面具有一定优势，但不太适用于模拟气液强烈混合的界面不清晰流动问题，同时计算量较大；而均相流方法则在处理高温、高压、可压缩性多相流动复杂问题上具备较好的能力，但模型本身存在较大的数值耗散，不利于精确捕捉相间交界面。基于多相流方法，刘志勇等[47] 采用一种改进的 MAC 法捕捉交界面，数值模拟带有肩空泡和尾空泡的轴对称物体出水过程，数值结果与减压水箱中的实验结果进行对比，吻合较好。初学森等[5] 采用商业流体软件 Fluent 两相流模型对出水过程中进行模拟，获得了物体肩空泡回射流、脱落、溃灭等动态演化，与实验值对比良好。基于均相流方法，魏海鹏等[48] 采用 Singhal 空化模型，在忽略重力条件下对回转体表面稳态空泡进行了数值模拟。类似地，魏英杰等[49] 考虑了重力对于潜射导弹表面空化特性的影响。陈瑛等[50] 引入基于求解液体质量份数输运方程的空泡流模型，模拟了大攻角下航行体的不对称空化现象。田冠楠等[51] 采用 Kunz 空化模型，修正 RNGk-ε 模型的涡黏性系数，模拟航行体肩空泡的初生、发展和脱落等过程，如图 1.6 所示。王一伟等[52] 采用 Singhal 空化模型，探讨空泡脱落条件。

在模型实验方面，刘桦等[53] 在减压水筒中进行平头轴对称体肩空泡的不稳定形态特征研究，拍摄记录肩空泡的演化和局部气团脱落。权晓波等[54] 对不同攻角、不同空化数下航行体迎背流面空泡的不对称性进行实验研究。黄彪和王国玉等[55] 采用流场全显示技术和动态应变式测力系统实验研究了绕平头回转体的非定常空化流动。施红辉等[56] 应用高速摄影仪拍摄物体水下高速运动直至完全出水过程，清晰记录了物体轨迹、肩空泡、尾迹和自由面的相互作用，拍摄到物体出水后 "喷溅" 的形成、发展与回落过程。孙龙泉等[57] 自主设计了一套小尺度回转体出水过程弹射试验系统，通过钟摆和活塞机构将重力势能转化为回转体的动能，应用高速摄影仪拍摄回转体出水过程的空泡特性，试验结果如图 1.7 所示。

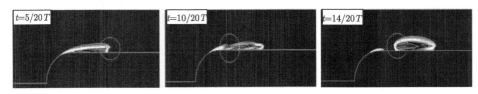

图 1.6 回转体表面肩空泡发展和脱落过程的 CFD 模拟[51]

图 1.7 带肩空泡回转体不同攻角下出水实验结果[57]

2. 带气泡出水

水下主动通气泡目前最主要应用于气泡或气穴减阻领域，尤其是对于高速运动的导弹或鱼雷等细长体。对于主动通气气泡而言，其内部气体主要由不可冷凝气体和可冷凝水蒸汽组成。水蒸汽的压力通常为当地饱和蒸汽压，而不可冷凝气体的压力与通气压力、通气流量和气泡体积等均有较大关系。不可冷凝气体通过物体表面上的圆环或多个端口通入到水中，从而形成通气气泡[58]。通气的流量必须小心控制，以免影响到水/气交界面。通入的气体可以是贮存的空气或是化学反应的产物。此后本书将简称此类问题为"带有气泡物体出水"问题。

在数值模拟方面，基于 BEM 方法，Matveev[59] 开发了贴服于物体表面的 2 维气泡的计算方法，并在此后扩展到了 3 维气泡[60]。Choi 等[61] 采用 3 维 BEM 研究了航行体表面气泡的变形和气泡对兴波阻力的影响规律。Choi 等的工作对于研究航行体表面 3 维气泡有很大促进作用，但是他们人为固定了水/气交界面首尾节点的位置，这样做虽然避免了复杂的交界面网格重组工作，却限制了气泡在物体表面的滑移运动。近期，倪宝玉等 [62−63] 采用 BEM 模拟了细长回转体表面气泡的滑移、变形和射流等动态。计算了带有环状气泡物体的附加质量和流体力等变化，通过改变气泡内压，寻求气泡可稳定滑移的内压范围。

在 CFD 方法方面，如前所述，主流方法仍是均相流方法和多相流方法。一般而言，均相流方法更适用于带有自然空化空泡的流动，多相流方法则更适用于带有主动通气泡的流动。Kunz 等[64] 开发了预处理时间步进方法，用以模拟可压缩和不可压缩多相混合流。图 1.8 为 Kunz 等采用多相流方法计算的细长体同时带有自然空化泡和主动通气泡的水下航行状态。在国内，陈鑫和鲁传敬等[65] 基于混合模型的有限体积法，模拟了不同通气量下定常空泡流动。在此基础上，刘筠乔和鲁传敬等[66] 进一步模拟了潜射导弹垂直发射过程中通气空泡流的非定常演化。陈鑫和鲁传敬等[67] 又分别采用混合模型和 VOF 模型对通气空泡流进行了模拟，并对比分析二者的优缺点。刘杰和张嘉钟[68] 采用 Fluent 软件结合 UDF 二次开发，模拟不同通气率下，航行体垂直出水流体动力变化规律。孙士明和陈伟政等[69] 采用 VOF 多相流模型模拟空化器后轴对称通气空泡，得到其进行内部气体流动形式，基于此，应用边界层理论，建立考虑内部气体流动的泄气理论模型。

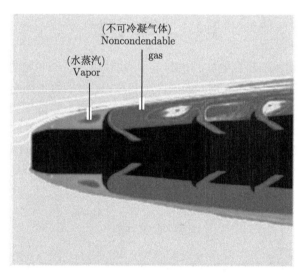

图 1.8　同时带空化泡和通气泡回转体水下运动 CFD 模拟[64]

在模型实验方面，张嘉钟和赵静等[70] 通过水洞实验对回注射流现象及其对通气气泡的形态影响进行了研究。段磊[6] 系统地介绍了带有自由液面航行体垂直出水的实验装置、主动通气泡的发生装置以及实验采集装置 (如 PIV 图像测速和高速全流场显示技术) 等。进行了不同参数下航行体出水的一系列实验，如图 1.9 所示，总结在不同参数下气泡可能呈现透明状、水气混合状和半透明水气混合状 3 种形态。在此基础上，应用 Level set 和混合多相流模型进行数值模拟，配合不同湍流模型，数值模拟与实验结果对比良好。

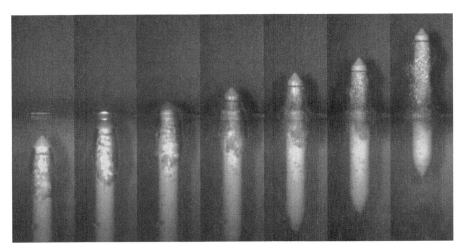

图 1.9 带主动通气泡回转体出水实验结果[6]

1.4 本 章 小 结

本章主要阐述本书研究的核心内容 —— 物体出水这一问题的科学意义和工程背景, 同时阐述出水问题与入水问题的区别和联系, 最后将物体出水问题分为 2 大类: 全湿出水和带泡出水。针对每类问题的特点, 又进一步分别细分为全湿强迫出水和全湿自由出水; 带空泡出水和带气泡出水等 4 个小类。并较系统地阐述了这几类物体出水在理论解析、数值模拟和物理实验方面的国内外研究现状。本章的分类体系将为本书的行文打下构架基础, 此后本书将围绕这 4 类问题展开详细的描述和求解。

参 考 文 献

[1] Moran J P. On the hydrodynamic theory of water-exit and-entry (No. TAR-TR-6501) [A]//Therm Advanced Research Inc Ithaca NY, 1965.

[2] 刘烨, 李家春, 何友声, 孟庆国. "十一五" 水动力学发展规划的建议 [J]. 力学进展, 2007, 37(1), 142–146.

[3] 颜开, 王宝寿. 出水空泡流动的一些研究进展 [A]//第二十一届全国水动力学研讨会暨第八届全国水动力学学术会议赞两岸船舶与海洋工程水动力学研讨会文集 [C]. 济南, 中国, 2008.

[4] 鲁传敬, 李杰. 水下航行体出水空泡溃灭过程及其特性研究 [A]//第十一届全国水动力学学术会议暨第二十四届全国水动力学研讨会并周培源教授诞辰 [C](Vol. 110), 2012.

[5] Chu X S, Yan K, Wang Z, Zhang K, et al. Numerical simulation of water-exit of a

cylinder with cavities[J]. Journal of Hydrodynamics, Ser. B, 2010, 22(5): 877–881.

[6] 段磊. 通气空泡多相流流动特性研究 [D]. 北京: 北京理工大学, 2014.

[7] 孙士丽, 许国冬, 倪宝玉. 流体与结构砰击水动力学 [M]. 哈尔滨: 哈尔滨工程大学出版社, 2014.

[8] Wagner H. The phenomena of impact and planning on water[R]. Technical Report 1366, NACA, 1932.

[9] Zhao R, Faltinsen O. Water entry of two-dimensional bodies[J]. Journal of Fluid Mechanics, 1993, 246: 593–612.

[10] Wu G X. Numerical simulation of water entry of twin wedges[J]. Journal of Fluids and Structures, 2006, 22: 99–108.

[11] Xu G D, Duan W Y, Wu G X. Numerical simulation of oblique water entry of an asymmetrical wedge [J]. Ocean Engineering, 2008, 35: 1597–1603.

[12] Moran J P. Line source distributions and slender-body theory [J]. Journal of Fluid Mechanics, 1963, 17(02): 285–304.

[13] Moran J P. Image solution for vertical motion of a point source towards a free surface [J]. Journal of Fluid Mechanics, 1964, 18(02): 315–320.

[14] Lee S, Leal L. A numerical study of the translation of a sphere normal to an interface [J]. J Colloid Interface Sci, 1982, 87: 81–106.

[15] Tassin A, Piro D J, Korobkin A A, Maki K J, Cooker M J. Two-dimensional water entry and exit of a body whose shape varies in time [J]. Journal of Fluids and Structures, 2013, 40: 317–336.

[16] Von Karman T. The impact of seaplane floats during landing [R]. Technical Report 321, NACA, 1929.

[17] Korobkin A A. A linearized model of water exit [J]. Journal of Fluid Mechanics, 2013, 737: 368–386.

[18] Korobkin A A, Khabakhpasheva T I, Mari K J. Water-exit problem with prescribed motion of a symmetric body [C]//In: 29th International Workshop on Water Waves and Floating Bodies. Osaka, Japan, 2014.

[19] Khabakhpasheva T I, Korobkin A A, Mari K J. A linearized exit model for prediction of forces on a body within the 2D+T framework [C]//30th International Workshop on Water Waves and Floating Bodies. Bristol, UK, 2015.

[20] 叶取源, 何友声. 轴对称体垂直出水的非线性数值解 [J]. 应用力学学报, 1986, 3(3): 25–30.

[21] 叶取源, 何友声. 轴对称体大角度斜出水的非线性摄动解 [J]. 应用数学和力学, 1991, 12(4): 303–313.

[22] 鲁传敬. 轴对称细长体的垂直出入水 [J]. 水动力学研究与进展 (A 辑), 1990, 5(4): 35–41.

[23] Greenhow M, Moyo S. Water entry and exit of horizontal circular cylinders [J]. Philosophical Transactions of the Royal Society A, 1997, 355: 551–563.

[24] Moyo S, Greenhow M. Free motion of a cylinder moving below and through a free surface [J]. Applied Ocean Research, 2000, 22: 31–44.

[25] Rajavaheinthan R, Greenhow M. Constant acceleration exit of two-dimensional free-surface-piercing bodies [J]. Applied Ocean Research, 2015, 50: 30–46.

[26] Ni B Y, Zhang A M, Wu G X. Simulation of complete water exit of a fully-submerged body [J]. Journal of Fluids and Structures, 2015, 58: 79–98.

[27] 胡影影, 朱克勤. 半无限长柱体出水数值模拟 [J]. 清华大学学报: 自然科学版, 2002, 42(2): 235–238.

[28] Lin P. A fixed-grid model for simulation of a moving body in free surface flows [J]. Computers & Fluids, 2007, 36(3): 549–561.

[29] Wang W, Wang Y. An improved free surface capturing method based on Cartesian cut cell mesh for water-entry and-exit problems[A]// Proceedings of the Royal Society of London A: Mathematical, Physical and Engineering Sciences [C]. The Royal Society, 2009, 465(2106): 1843–1868.

[30] 邹星, 李海涛, 宗智. 基于 VOF 模型的结构物出水过程数值模拟 [J]. 武汉理工大学学报: 信息与管理工程版, 2012, 34(5): 558–561.

[31] Zhang C, Zhang W, et al. A two-phase flow model coupling with volume of fluid and immersed boundary methods for free surface and moving structure problems [J]. Ocean Engineering, 2013, 74: 107–124.

[32] Greenhow M, Lin W M. Non-linear free surface effects: experiments and theory [D]. Dept. Ocean Engng. Cambridge, 83-19, Mass: Mass. Inst. Technol, 1983.

[33] Miao G. Hydrodynamic forces and dynamic responses of circular cylinders in wave zones [D]. Dept. Marine Hydrodynamics, NTH, Trondheim, Norway, 1989.

[34] Liju P Y, Machane R, Cartellier A. Surge effect during the water exit of an axis-symmetric body traveling normal to a plane interface: experiments and BEM simulation [J]. Experiments in Fluids, 2001, 31: 241–248.

[35] 张军, 洪方文, 徐峰, 等. 物体出水近自由面瞬态流场的试验研究 [J]. 船舶力学, 2002, 6(4):

[36] Tveitnes T, Fairlie-Clarke A C, Varyani K. An experimental investigation into the constant velocity water entry of wedge-shaped sections [J]. Ocean Engineering, 2008, 35: 1463–1478.

[37] Colicchio G, Greco M, Miozzi M, et al. Experimental and numerical investigation of the water-entry and water-exit of a circular cylinder [A]//IWWWFB[C]. 2009.

[38] 冷海军, 鲁传敬. 轴对称体的局部空泡流研究 [J]. 上海交通大学学报, 2002, 36(3): 395–398.

[39] 傅慧萍, 李福新. 回转体局部空泡绕流的非线性分析 [J]. 力学学报, 2002, 34(2): 278–285.

[40] 刘巨斌, 肖昌润, 郑学龄. 轴对称物体空泡流动的数值计算 [J]. 海军工程大学学报, 2004, 16(4): 4–7.

[41] 贾彩娟, 许晖, 张宇文. 水下航行器局部空泡流场的空泡尾流模型初探 [J]. 舰船科学技术, 2004, 26(2): 16–18.

[42] NI B Y, Zhang A M, Zhang Z Y. Numerical simulation of cavity attached on a high-speed underwater revolution [A]//Proceeding of the 12th International Symposium on Practical Design of Ships and Other Floating Structures [C], Changwon, Korea, 2013.

[43] 罗金玲, 毛鸿羽. 导弹出水过程中气/水动力学的研究 [J]. 战术导弹技术, 2004, 4(4): 23–25.

[44] 权晓波, 李岩, 魏海鹏, 吕海波, 辛万青, 鲁传敬. 航行体出水过程空泡溃灭特性研究 [J]. 船舶力学, 2008, 12(4): 545–549.

[45] 陈玮琪, 王宝寿, 颜开, 易淑群. 空化器出水非定常垂直空泡的研究 [J]. 力学学报, 2013, 45(1): 76–82.

[46] 赵蛟龙, 孙龙泉, 张忠宇, 姚熊亮. 航行体出水空泡溃灭载荷特性研究 [J]. 哈尔滨工业大学学报, 2014, 7: 014.

[47] Liu Z Y, Yi S Q, Yan K, et al. Numerical simulation of water-exit cavity [A]//Fifth international symposium on cavitation [C](CAV2003), Osaka, Japan, 2003.

[48] 魏海鹏, 郭凤美, 权晓波. 潜射导弹表面空化特性研究 [J]. 宇航学报, 2007, 28(6): 1506–1509.

[49] 魏英杰, 闵景新, 王聪, 邹振祝, 余峰. 潜射导弹垂直发射过程空化特性研究 [J]. 工程力学, 2009, 26(7): 251–256.

[50] 陈瑛, 鲁传敬, 郭建红, 曹嘉怡. 大攻角水下航行体侧面空化特性的数值分析 [J]. 弹道学报, 2011, 23(1): 45–49.

[51] 田冠楠, 孙龙泉, 于福林, 谢晓忠. 水下航行体非定常空泡特性 [J]. 舰船科学技术, 2013, (11): 15–19.

[52] 王一伟, 黄晨光, 等. 航行体水下垂直发射空泡脱落条件研究 [J]. 工程力学, 2015, 32(11): 33–39.

[53] 刘桦, 何友声. 轴对称空泡流的脉动性态研究 [J]. 上海力学, 1997, 18(2): 99–105.

[54] 权晓波, 李岩, 魏海鹏, 王宝寿, 孔德才. 大攻角下轴对称航行体空化流动特性试验研究 [J]. 水动力学研究与进展: A 辑, 2008, (6):

[55] 黄彪, 王国玉, 权晓波, 张敏弟. 绕平头回转体非定常空化流体动力特性研究 [J]. 实验流体力学, 2011, 25(2): 22–28.

[56] 施红辉, 吴岩, 等. 物体高速出水实验装置研制及流场可视化 [J]. 浙江理工大学学报, 2011, 28(4): 534–539.

[57] 孙龙泉, 孙超, 赵蛟龙. 小尺度回转体出水过程弹射试验系统设计 [J]. 传感器与微系统, 2014, 33(6): 76–79.

[58] 孙铁志. 通气参数对潜射航行体流体动力特性影响的数值模拟研究 [D]. 哈尔滨: 哈尔滨工业大学, 2012.

[59] Matveev K I. Modeling of vertical plane motion of an air cavity ship in waves[A]//Fifth International Conference on Fast Sea Transportation, FAST [C]. Seattle, USA, 1999.

[60] Matveev K I, Burnett T J, Ockfen A E. Study of air-ventilated cavity under model hull on water surface [J]. Ocean Engineering, 1999, (36): 930–940.

[61] Choi J K, Chahine G L. Numerical study on the behavior of air layers used for drag reduction [A]//28th Symposium on Naval Hydrodynamics [C]. Pasadena, California, 2010.

[62] NI B Y, Zhang A M, Wu G X. Numerical simulation of motion and deformation of ring bubble along body surface [J]. Applied Mathematics and Mechanics(English edition), 2013, 34(12): 1495–1512.

[63] NI B Y, Xue Y Z, Cui B. Numerical study on the vertical motion of underwater vehicle with air bubbles attached in a gravity field [J]. Ocean Engineerin, Under Review, 2016.

[64] Kunz R F, Lindau J W, Billet M L, Stinebring D R. Multiphase CFD modeling of developed and supercavitating flows [A]//Supercavitating Flows [C]. Brussels, Belgium, 2001.

[65] 陈鑫, 鲁传敬, 吴磊. 通气空泡流的多相流模型与数值模拟 [J]. 水动力学研究与进展: A 辑, 2005: 916–920.

[66] 刘筠乔, 鲁传敬, 李杰, 曹嘉怡. 导弹垂直发射出筒过程中通气空泡流研究 [J]. 水动力学研究与进展: A 辑, 2007, 22(5): 549–554.

[67] 陈鑫, 鲁传敬, 李杰, 曹嘉怡, 胡世良, 何晓. VOF 和 Mixture 多相流模型在空泡流模拟中的应用 [A]//第九届全国水动力学学术会议暨第二十二届全国水动力学研讨会文集 [C]. 北京: 海洋出版社, 2009.

[68] 刘杰. 航行体出水过程通气空化流场特性研究 [D]. 哈尔滨: 哈尔滨工业大学, 2012.

[69] 孙士明, 陈伟政, 颜开. 通气超空泡泄气机理研究 [J]. 船舶力学, 2014, 18(5): 492–498.

[70] 张嘉钟, 赵静, 魏英杰, 王聪, 于开平. 回注射流及其对通气超空泡形态影响的研究 [J]. 船舶力学, 2010, 14(6): 571–576.

第2章　数学方程和数值模型

　　本书中考虑的大部分物体均是大尺度的，同时出水速度较高，故流体的黏性和可压缩性为次要因素。可假设流体是无粘无旋且不可压缩的，则对应的数学方程可在势流理论框架下进行。本章主要论述每一章中都会涉及到的基本数学方程和一般的数值处理方法。对于后续章节中不同问题对应的不同数值处理方法，会单独分别论述。

　　如第 1 章所述，本书主要研究全湿物体出水和带泡物体出水 2 大类 4 小类问题。本章中将首先建立通用的控制方程、边界条件、初始条件和数值求解方法等，然后再根据这 4 小类问题的各自特点，补充各类问题的相关方程和数值模型。如图 2.1 所示，为全湿物体出水的示意图，选择长轴半径为 b，短轴半径为 a 的椭球体为例。图中定义了两个坐标系，即笛卡儿坐标系 $O\text{-}xyz$ 和柱坐标系 $O\text{-}r\theta z$，其中，坐标原点 O 在未受扰动时的自由面上，x 轴的方向为水平向右，z 轴的方向为垂直向上。物体型心距离初始自由面的距离为 h。物体向上运动的速度为 $W(t)$，可以是已知的，则此时称为强迫出水；也可是未知的，则此时称为自由出水。流场边界 S 由无穷远边界 S_∞，自由面边界 S_F 和物面湿表面积 S_W 组成，当如果考虑物体表面上带有空泡或者气泡时，还需要考虑对应的空泡边界 S_C 或者气泡边界 S_B。对于气泡出水，需将椭球体替换成气泡表面，相应的物面湿表面积 S_W 替换为气泡边界 S_B，同时注意边界条件的改变。

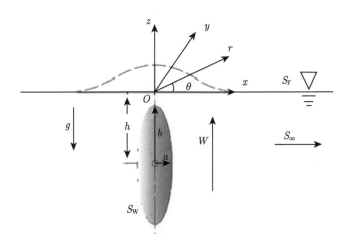

图 2.1　全湿物体出水示意图

2.1　控制方程和初边值条件

考虑到本书主要关注物体高速出水问题, 对应的马赫数很低, 雷诺数很高, 持续时间短, 流体的剪切流动对流场影响较小, 因此常常忽略流体的可压缩性和黏性作用 [1]。流体的黏性和可压缩性为次要因素, 故假设流体是无黏且不可压缩的, 满足 $\boldsymbol{\nabla} \cdot \boldsymbol{u} = 0$, 同时它的流动是为无旋流动, 即 $\boldsymbol{\nabla} \times \boldsymbol{u} = 0$。引入速度势 Φ, 流体速度就是它的梯度 $\boldsymbol{u} = \boldsymbol{\nabla}\Phi$, 由以上得知, 速度势 Φ 在流场中满足拉普拉斯方程:

$$\boldsymbol{\nabla}^2 \Phi = 0 \tag{2.1.1}$$

拉普拉斯方程是椭圆方程, 在没有给定边界条件下满足方程 (2.1.1) 的解有无穷多个。为了求解拉普拉斯方程的惟一解, 必须给出流域边界上的约束条件。如上所示, 流场边界 S 由无穷远边界 S_∞, 自由面边界 S_{F} 和物面湿表面积 S_{W} 组成, 对于物体湿表面而言, 需要满足不可穿透物面条件:

$$\frac{\partial \Phi}{\partial n} = \boldsymbol{W} \cdot \boldsymbol{n} \tag{2.1.2}$$

其中, $\boldsymbol{W} = (U, V, W)$ 为物体平动速度, U, V, W 分别为横向、纵向与垂向速度, $\boldsymbol{n} = (n_x, n_y, n_z)$ 为物体的法向向量, 方向指向流体外部。

物体出水过程中的重点和难点在于自由面。根据伯努利方程, 可知欧拉系统中自由面上满足的动力学边界条件为

$$\frac{\partial \Phi}{\partial t} + \frac{1}{2}|\boldsymbol{\nabla}\Phi|^2 + \frac{P_{\mathrm{F}}}{\rho} + gz = \frac{P_\infty}{\rho} \tag{2.1.3}$$

其中, ρ 是流体的密度, g 是重力加速度, P_{F} 是自由面处流体的压力。根据杨氏方程, 考虑到表面张力的作用, 自由面两侧压力的关系有

$$P_{\mathrm{F}} = P_\infty - \tilde{\sigma}\kappa \tag{2.1.4}$$

其中, $\tilde{\sigma}$ 是流体的表面张力系数, κ 是自由面的局部表面曲率。将公式 (2.1.4) 代入公式 (2.1.3) 有

$$\frac{\partial \Phi}{\partial t} + \frac{1}{2}|\boldsymbol{\nabla}\Phi|^2 + gz - \frac{\tilde{\sigma}\kappa}{\rho} = 0 \tag{2.1.5}$$

在欧拉系统中, 自由面可表示为

$$z = \varsigma(x, y, t) \tag{2.1.6}$$

并具有如下的运动学边界条件:

$$\frac{\partial \varsigma}{\partial t} = \Phi_z - \Phi_x \varsigma_x - \Phi_y \varsigma_y \tag{2.1.7}$$

公式 (2.1.5) 和 (2.1.7) 就是欧拉系统中自由面的动力学和运动学边界条件。很多时候拉格朗日追踪方法在研究自由面的大变形方面具有独特的优势，此时需要采用拉格朗日系统下的边界条件。考虑到物质导数和局部导数的关系，

$$\frac{D\Phi}{Dt} = \frac{\partial \Phi}{\partial t} + ((\boldsymbol{\nabla}\Phi) \cdot \boldsymbol{\nabla})\,\Phi = \frac{\partial \Phi}{\partial t} + (\boldsymbol{\nabla}\Phi)^2 \qquad (2.1.8)$$

将公式 (2.1.8) 代入 (2.1.5) 中，则可获得拉格朗日系统中自由面的动力学边界条件为

$$\frac{D\Phi}{Dt} - \frac{1}{2}|\boldsymbol{\nabla}\Phi|^2 + gz - \frac{\tilde{\sigma}\kappa}{\rho} = 0 \qquad (2.1.9)$$

此外，自由液面处的运动学边界条件的拉格朗日形式如下：

$$\frac{Dx}{Dt} = \frac{\partial \Phi}{\partial x}, \quad \frac{Dy}{Dt} = \frac{\partial \Phi}{\partial y}, \quad \frac{Dz}{Dt} = \frac{\partial \Phi}{\partial z} \qquad (2.1.10)$$

公式 (2.1.9) 和 (2.1.10) 就是拉格朗日系统中自由面的动力学和运动学边界条件。

无穷远处物体的扰动可以忽略，则可获得无穷远处的边界条件为

$$\Phi = O\left(\frac{1}{x^2 + y^2 + z^2}\right), \qquad \sqrt{x^2 + y^2 + z^2} \to \infty \qquad (2.1.11)$$

综合以上，全湿物体出水问题中需要的边界条件由式 (2.1.2)、式 (2.1.5)、式 (2.1.7)(或式 (2.1.9)~ 式 (2.1.11)) 给出。

对于带有空泡物体出水问题，需要补充空泡表面的边界条件。由于空泡内压等于当地饱和蒸气压 P_{v}，则根据杨氏方程可知空泡表面处流体的压力 P_{C} 为

$$P_{\mathrm{C}} = P_{\mathrm{v}} - \tilde{\sigma}\kappa \qquad (2.1.12)$$

由于空泡表面在物体上的位置相对比较固定，采用欧拉系统进行处理较为方便。将公式 (2.1.12) 代入公式 (2.1.3) 中，可获得欧拉系统中空泡表面的动力学边界条件：

$$\frac{\partial \Phi}{\partial t} + \frac{1}{2}|\boldsymbol{\nabla}\Phi|^2 + gz - \frac{\tilde{\sigma}\kappa}{\rho} = \frac{P_{\infty} - P_{\mathrm{v}}}{\rho} \qquad (2.1.13)$$

欧拉系统中空泡表面运动学边界条件与公式 (2.1.7) 形式相同，只需将自由面高度替换为空泡的厚度即可，具体细节请参见 6.1 节。

对于带有气泡物体出水问题，需要补充气泡表面的边界条件。对于气泡内压 P_{b}，可根据不同气泡生成形式选择不同的状态方程。目前比较通用的是混合气体分压模型，即假设气泡内部由可冷凝的水蒸汽和不可冷凝的其他气体组成，同时假设不可冷凝气体满足绝热方程[2]，则有

$$P_{\mathrm{b}} = P_{\mathrm{v}} + P_0(V_0/V)^\iota \qquad (2.1.14)$$

式中，P_v 为可冷凝气体的饱和蒸汽压，是温度的函数；P_0 和 V_0 是气泡初始形成时的不可冷凝气体的压力和气泡体积，V 是气泡动态演化过程中的体积，ι 是不可冷凝气体的比热比，与气体组分有关，单原子分子气体 $\iota = 1.67$，双原子刚性分子气体 $\iota = 1.40$，多原子刚性分子气体 $\iota = 1.33$。对于 TNT 水下爆炸产生的气体，ι 可取 $1.25^{[3]}$。本书在无特殊说明的情况下，取 $\iota = 1.25$。

由于气泡表面在整个过程中可能产生滑移、大变形和射流等现象，采用拉格朗日系统进行处理较为方便。将公式 (2.1.14) 代入公式 (2.1.3) 中，并考虑物质导数与局部导数的转化关系，可获得拉格朗日系统中气泡表面的动力学边界条件：

$$\frac{D\Phi}{Dt} - \frac{1}{2}|\boldsymbol{\nabla}\Phi|^2 + gz - \frac{\tilde{\sigma}\kappa}{\rho} = \frac{P_\infty - P_v - P_0(V_0/V)^\iota}{\rho} \tag{2.1.15}$$

拉格朗日系统中气泡表面运动学边界条件与公式 (2.1.10) 相同，具体细节请参见 6.2 节。

作为初值–边值问题 (IBVP)，除了上述的边界条件外，还需给出初始条件。对于物体而言，需要给出物体的初始速度 $W(0)$；对于自由面而言，因为初始时刻自由面是静止的，所以 $\Phi_F(0) = 0$；对于空泡表面而言，需要给定空泡长度 l_C 或者是空化数 σ；对于气泡表面而言，需要给定气泡初始内压 P_0 和气泡初始体积 V_0 以及气泡表面初始速度 $\dot{R}(0)$ 或者速度势 $\Phi_B(0)$。

2.2   格林函数方法和边界积分方程

由于控制方程 (2.1.1) 为拉普拉斯方程，可采用格林第三公式将适合拉普拉斯方程的函数在域内任意一点的速度势 $\Phi(\boldsymbol{p})$ 采用边界上点的速度势 $\Phi(\boldsymbol{q})$ 和相应的法向导数 $\partial\Phi(\boldsymbol{q})/\partial n_q$ 来表示。应用格林函数 G，3 维格林函数的第二性方程可表示为

$$\varepsilon(\boldsymbol{p})\Phi(\boldsymbol{p}) = \iint\limits_{S} \left(\frac{\partial\Phi(\boldsymbol{q})}{\partial n_q}G(\boldsymbol{p},\boldsymbol{q}) - \Phi(\boldsymbol{q})\frac{\partial}{\partial n_q}G(\boldsymbol{p},\boldsymbol{q}) \right) \mathrm{d}S$$

$$= \iint\limits_{S_W+S_F+S_K} \left(\frac{\partial\Phi(\boldsymbol{q})}{\partial n_q}G(\boldsymbol{p},\boldsymbol{q}) - \Phi(\boldsymbol{q})\frac{\partial}{\partial n_q}G(\boldsymbol{p},\boldsymbol{q}) \right) \mathrm{d}S \tag{2.2.1}$$

式中，S 为包括物体湿表面积 S_W，自由面 S_F 以及无穷远边界 S_∞ 在内的流域所有边界。式 (2.2.1) 的第二个等号中，无穷远处边界 S_∞ 上的积分由距离物体足够远的控制面 S_K 替代，在此控制面上满足 $\partial\Phi/\partial n = 0$。如果带有空泡或气泡，则第二个等号的积分中还需包含空泡面 S_C 或气泡面 S_B。在上式中，$\boldsymbol{p}$ 是流场 (或边界) 中的固定点，$\boldsymbol{q}$ 是边界上的积分点 (或称源点)。n_q 为边界的法向量，以指向流

域外为正。$\varepsilon(\boldsymbol{p})$ 是在点 $\boldsymbol{p}$ 处观察流场的立体角,有

$$\varepsilon(\boldsymbol{p}) = \begin{cases} 4\pi, & \boldsymbol{p} \text{ 在流域内} \\ 2\pi, & \boldsymbol{p} \text{ 在光滑边界} \\ 0, & \boldsymbol{p} \text{ 在流域外} \end{cases} \tag{2.2.2}$$

三维空间的格林函数为

$$G(\boldsymbol{p}, \boldsymbol{q}) = \frac{1}{|\boldsymbol{r} - \boldsymbol{R}|} \tag{2.2.3}$$

式中,$\boldsymbol{r} = (x, y, z)$ 和 $\boldsymbol{R} = (X, Y, Z)$ 分别是点 $\boldsymbol{p}$ 和 $\boldsymbol{q}$ 的位置向量。

2.3 数 值 模 型

为了求解方程 (2.2.1),需要采用边界积分法或边界元法进行求解。鉴于本书中大部分算例是轴对称的,故本书将主要针对轴对称模型进行描述,有关 3 维模型的数值求解方法可参见其他参考书或文献,例如 Brebbia[4] 或张阿漫[5] 等。

如图 2.1 所示,当物体运动的方向沿着物体的对称轴时,即 $\boldsymbol{W} = (0, 0, W)$,整个流场也是轴对称的,可采用柱状坐标系 (r, θ, z) 研究此轴对称气泡问题。方程 (2.2.3) 中位置向量分别可写为 $\boldsymbol{r} = (r, \theta_1, z)$ 和 $\boldsymbol{R} = (R, \theta_2, Z)$。

此时,物面边界条件 (2.1.2) 简化为

$$\frac{\partial \Phi}{\partial n} = W \cdot n_z \tag{2.3.1}$$

自由面或气泡表面的运动学边界条件 (2.1.10) 简化为

$$\frac{Dr}{Dt} = \frac{\partial \Phi}{\partial r}, \quad \frac{Dz}{Dt} = \frac{\partial \Phi}{\partial z} \tag{2.3.2}$$

无穷远处边界条件 (2.1.11) 为

$$\Phi = O\left(\frac{1}{r^2 + z^2}\right), \quad \sqrt{r^2 + z^2} \to \infty \tag{2.3.3}$$

其他边界条件与 2.2 节中一致。接下来将阐述在柱坐标系中如何求解控制方程 (2.2.1)。

2.3.1 数值离散和矩阵求解

图 2.2 给出了初始时刻 $x = 0$ 平面内物体和自由面的网格划分。没有特殊要求的情况下,在物体的母线上采用均匀分布的直网格,在自由面的母线上的网格划分如下:在距离对称轴线 r_0 范围内采用均匀分布的网格,此外采用逐渐稀疏的网

格直至控制面 $S_{\rm K}$。在本书中，r_0 取为短半轴 a 的 5 倍，控制面 $S_{\rm K}$ 对应的半径 $r_{\rm K}$ 取为短半轴 a 的 50 倍。如果带有空泡或气泡，则空泡或气泡表面也采用均匀分布的直网格。具体的尺寸 (数目) 与计算要求的精度有关，将在下文中针对不同工况进一步讨论。

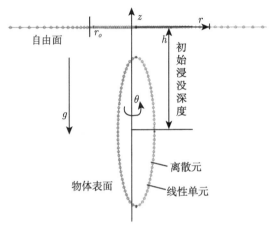

图 2.2　柱坐标中椭球体出水初始时刻网格的划分

本文采用线性单元的边界元法，即在每个单元上，假设所有变量都是线性变化的。这样，单元上的信息可以通过节点信息线性插值获得。定义局部插值函数为 $\xi \in [0,1]$，因此，在节点 j 和 $j+1$ 之间单元上的变量 r, z, Φ 和 Φ_n 可以通过下式获得：

$$r_j(\xi) = (1-\xi)r_j + \xi r_{j+1} \tag{2.3.4}$$

$$z_j(\xi) = (1-\xi)z_j + \xi z_{j+1} \tag{2.3.5}$$

$$\Phi_j(\xi) = (1-\xi)\Phi_j + \xi \Phi_{j+1} \tag{2.3.6}$$

$$\left(\frac{\partial \Phi}{\partial n}\right)_j (\xi) = (1-\xi)\left(\frac{\partial \Phi}{\partial n}\right)_j + \xi \left(\frac{\partial \Phi}{\partial n}\right)_{j+1} \tag{2.3.7}$$

将式 (2.3.4)~ 式 (2.3.7) 的线性插值函数代入轴对称形式下的方程 (2.2.1)，则有

$$\varepsilon \Phi_i(0) + \sum_{j=1}^{N} \int_0^1 \Phi_j(\xi) r_j(\xi) \frac{\partial}{\partial n} \left(\int_0^{2\pi} \frac{1}{|\boldsymbol{r}_j(\xi) - \boldsymbol{R}_i|} {\rm d}\theta \right) \boldsymbol{J} {\rm d}\xi$$

$$= \sum_{j=1}^{N} \int_0^1 \left(\frac{\partial \Phi}{\partial n}\right)_j (\xi) r_j(\xi) \int_0^{2\pi} \frac{1}{|\boldsymbol{r}_j(\xi) - \boldsymbol{R}_i|} {\rm d}\theta \boldsymbol{J} {\rm d}\xi, \quad (i = 1, 2, \cdots, N+1) \tag{2.3.8}$$

式中，N 是所有边界上单元的总数目，$\boldsymbol{J} = \sqrt{\left(\dfrac{{\rm d}r}{{\rm d}\xi}\right)^2 + \left(\dfrac{{\rm d}z}{{\rm d}\xi}\right)^2}$ 是雅可比矩阵。

将方程 (2.3.8) 整合为一个矩阵系统，可表示为

$$\boldsymbol{H} \cdot \boldsymbol{\Phi} = \boldsymbol{G} \cdot \boldsymbol{\Phi}_n \tag{2.3.9}$$

式中，$\boldsymbol{\Phi}$ 和 $\boldsymbol{\Phi}_n$ 分别是速度势 Φ_i 和 $(\partial\Phi/\partial n)_i$ 组成的两个列向量。$\boldsymbol{H}$ 和 $\boldsymbol{G}$ 是两个大小为 $(N+1) \times (N+1)$ 的系数矩阵，其对应的系数 H_{ij} 和 G_{ij} 分别为

$$H_{ij} = \varepsilon\delta_{ij} + \int_0^1 (1-\xi)H'(\boldsymbol{r}_j, \boldsymbol{R}_i)\boldsymbol{J}\mathrm{d}\xi + \int_0^1 \xi H'(\boldsymbol{r}_{j-1}, \boldsymbol{R}_i)\boldsymbol{J}\mathrm{d}\xi \tag{2.3.10}$$

$$G_{ij} = \int_0^1 (1-\xi)G'(\boldsymbol{r}_j, \boldsymbol{R}_i)\boldsymbol{J}\mathrm{d}\xi + \int_0^1 \xi G'(\boldsymbol{r}_{j-1}, \boldsymbol{R}_i)\boldsymbol{J}\mathrm{d}\xi \tag{2.3.11}$$

其中，δ_{ij} 是克罗内克 (Kronecker) 符号，有 $\delta_{ij} = \begin{cases} 1, & i=j \\ 0, & i \neq j \end{cases}$，同时 $G'(\boldsymbol{r}_j, \boldsymbol{R}_i)$ 和 $H'(\boldsymbol{r}_j, \boldsymbol{R}_i)$ 表达式如下：

$$\begin{aligned}
G'(\boldsymbol{r}_j, \boldsymbol{R}_i) &= r_j \int_0^{2\pi} \frac{1}{|\boldsymbol{r}_j - \boldsymbol{R}_i|}\mathrm{d}\theta = r_j \int_0^{2\pi} \frac{\mathrm{d}\theta}{\left[(r_j + R_i)^2 + (z_j - Z_i)^2 - 4r_j R_i \cos^2\frac{\theta}{2}\right]^{\frac{1}{2}}} \\
&= \frac{4r_j}{\sqrt{(r_j + R_i)^2 + (z_j - Z_i)^2}} \int_0^{\pi/2} \frac{\mathrm{d}\alpha}{\left(1 - \dfrac{4r_j R_i \cos^2\alpha}{\sqrt{(r_j + R_i)^2 + (z_j - Z_i)^2}}\right)^{1/2}} \\
&= \frac{4r_j}{\sqrt{A}} \int_0^{\pi/2} \frac{\mathrm{d}\alpha}{\left(1 - m\sin^2\alpha\right)^{1/2}} = \frac{4r_j}{\sqrt{A}}K(m) \tag{2.3.12}
\end{aligned}$$

$$\begin{aligned}
H'(\boldsymbol{r}_j, \boldsymbol{R}_i) &= r_j \frac{\partial}{\partial n_q} \int_0^{2\pi} \frac{1}{|\boldsymbol{r}_j - \boldsymbol{R}_i|}\mathrm{d}\theta = r_j \boldsymbol{\nabla}_q \left(\frac{4}{\sqrt{A}}K(m)\right) \cdot \boldsymbol{n}_q \\
&= \frac{2r_j}{A^{3/2}}\left(\frac{A}{r_j}\left(\frac{E(m)}{m_1} - K(m)\right) - 2(r_j + R_i)\frac{E(m)}{m_1}\right)n_r \\
&\quad - \frac{4r_j}{A^{3/2}}\left(\frac{E(m)}{m_1}(z_j - Z_i)\right)n_z \tag{2.3.13}
\end{aligned}$$

式中，$A = (r_j + R_i)^2 + (z_j - Z_i)^2$；$m = 4r_j R_i / A$；$m_1 = 1 - m$，此外 $K(m)$ 和 $E(m)$ 分别是第一类和第二类椭圆积分[6]，计算公式如下：

$$K(m) = \int_0^{\pi/2} \frac{\mathrm{d}\alpha}{\sqrt{1 - m\sin^2\alpha}} \tag{2.3.14}$$

$$E(m) = \int_0^{\pi/2} \sqrt{1 - m\sin^2\alpha}\,\mathrm{d}\alpha \tag{2.3.15}$$

式 (2.3.12) 和式 (2.3.13) 中关于 θ 积分算法基于 Schiffman 和 Spencer[7] 的公式。在计算矩阵系数 G_{ii} 时，存在对数弱奇异性的奇异积分，其形式为

$$\int_0^1 f(\xi) \ln(1/m_1(\xi)) \, \mathrm{d}\xi \tag{2.3.16}$$

可以通过半解析技巧[8]，处理，如通过配项或变量替换将公式 (2.3.16) 转化为非奇异积分，有

$$\int_0^1 f(\xi) \ln(1/m_1(\xi)) \, \mathrm{d}\xi$$

$$= \int_0^1 (f(\xi) - f(0)) \ln(1/m_1(\xi)) \, \mathrm{d}\xi + \int_0^1 f(0) \ln(1/m_1(\xi)) \, \mathrm{d}\xi$$

$$= 1 + f(0)\xi \ln(1/m_1(\xi))\big|_0^1 + f(0) \int_0^1 f(\xi) \ln(1/m_1(\xi)) (\mathrm{d}m_1/\mathrm{d}\xi) \mathrm{d}\xi \tag{2.3.17}$$

而在计算矩阵系数 H_{ii} 时，存在强奇异积分，仅柯西 (Cauchy) 主值积分 (PV) 存在，需要十分小心地处理。参照 Brebbia[4] 的处理方式，本文采用以下方式处理：假设在流域所有边界面上速度势 Φ 均取为某一定值 C，那么很容易得到此时边界上的法向速度 Φ_n 一定为 0，这样方程 (2.2.1) 则变形为

$$\varepsilon C = -C \iint\limits_{S_{\mathrm{W}}+S_{\mathrm{F}}} \left(\frac{\partial}{\partial n_q} G(\boldsymbol{p}, \boldsymbol{q})\right) \mathrm{d}S - C \iint\limits_{S_\infty} \left(\frac{\partial}{\partial n_q} G(\boldsymbol{p}, \boldsymbol{q})\right) \mathrm{d}S \tag{2.3.18}$$

取某一半径为 R_∞ 无穷大球面为 S_∞，则 $\dfrac{\partial}{\partial n_q} G(\boldsymbol{p}, \boldsymbol{q}) = \dfrac{\partial}{\partial n_q}\left(\dfrac{1}{r_{pq}}\right) = -\dfrac{1}{R_\infty^2}$，因此，$\iint\limits_{S_\infty} \left(\dfrac{\partial}{\partial n_q} G(\boldsymbol{p}, \boldsymbol{q})\right) \mathrm{d}s = -4\pi$，所以方程 (2.3.18) 即为

$$H_{ii} = -\sum_{j=1, i \neq j}^{N+1} H_{ij} + 4\pi \tag{2.3.19}$$

应用上式既可以成功地避免直接计算 H_{ii} 引入的强奇异积分问题，又比直接采用立体角处理奇异积分的精度高。

从边界条件可知，气泡和自由面上的速度势 Φ 是已知的 (即狄利克雷 (Dirichelet) 边界条件)，物体湿表面上 Φ_n 是已知的 (即诺依曼 (Neumann) 边界条件)，通过方程 (2.3.9) 的求解即可获得物体湿表面上未知的速度势 Φ，以及气泡和自由面上未知的法向速度 Φ_n。

2.3.2　切向速度和全速度

通过求解矩阵 (2.3.9)，可获得气泡和自由面上未知的法向速度 Φ_n。为了求得节点的全速度，还需要知道节点的切向速度 Φ_s。本书中切向速度是通过插值方法

求得的。为了计算轴对称坐标系子午面内沿边界的切向速度 Φ_s，首先应用三点拉格朗日插值多项式，给出任意一点速度势 Φ 的表达式如下 (如图 2.3 所示)：

$$\Phi = \Phi_{j-1}\frac{(s-s_1)(s-s_2)}{s_1 s_2} + \Phi_j \frac{s(s-s_2)}{s_1(s_1-s_2)} + \Phi_{j+1}\frac{s(s-s_1)}{s_2(s_2-s_1)} \qquad (2.3.20)$$

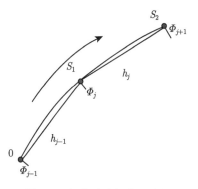

图 2.3 切向速度插值示意图

式中，$\Phi_{j-1}, \Phi_j, \Phi_{j+1}$ 分别是边界上三个相邻点的速度势，s_1, s_2 分别是点 j 和 $j+1$ 到点 $j-1$ 的弧长；Φ 是未知的速度势，s 是这点对应的弧长。将式 (2.3.20) 两端对弧长 s 求导，有

$$\Phi_s = \frac{\partial\Phi}{\partial s} = \Phi_{j-1}\frac{(2s-s_1-s_2)}{s_1 s_2} + \Phi_j \frac{2s-s_2}{s_1(s_1-s_2)} + \Phi_{j+1}\frac{2s-s_1}{s_2(s_2-s_1)} \qquad (2.3.21)$$

如果想求的是中间点 j 上的切向速度，将 $s = s_1$ 代入公式 (2.3.21) 中，则有

$$(\Phi_s)_j = \left(\frac{\partial\Phi}{\partial s}\right)_j = \Phi_{j-1}\frac{(s_1-s_2)}{s_1 s_2} + \Phi_j \frac{2s_1-s_2}{s_1(s_1-s_2)} + \Phi_{j+1}\frac{s_1}{s_2(s_2-s_1)} \qquad (2.3.22)$$

当网格尺度较小时，可采用两点间的直线段长度近似代替弧长，即 $s_1 \approx h_{j-1}$ 和 $s_2 \approx h_{j-1}+h_j$，将其代入式 (2.3.22) 则有

$$(\Phi_s)_j = \frac{-h_j^2\Phi_{j-1} + (h_j^2 - h_{j-1}^2)\Phi_j + h_{j-1}^2\Phi_{j+1}}{h_j h_{j-1}(h_j + h_{j-1})} \qquad (2.3.23)$$

类似地，如果想求的是端点 $j-1$ 或 $j+1$ 上的切向速度，可将 $s = 0$ 或 $s = s_2$ 代入式 (2.3.21)，然后采用对应的直线段长度近似替代弧长即可。这里仅给出首末两点切向速度的表达式：

$$(\Phi_s)_1 = \frac{-(h_2^2 + 2h_1 h_2)\Phi_1 + (h_1 + h_2)^2\Phi_2 - h_1^2\Phi_3}{h_1 h_2(h_1 + h_2)} \qquad (2.3.24)$$

$$(\Phi_s)_{N+1} = \frac{h_N^2\Phi_{N-1} - (h_{N-1}+h_N)^2\Phi_N + (h_{N-1}^2 + 2h_{N-1}h_N)\Phi_{N+1}}{h_{N-1}h_N(h_{N-1}+h_N)} \qquad (2.3.25)$$

这里需要说明的是，公式 (2.3.24) 和式 (2.3.25) 不可以直接用来计算对称轴上的点，因为根据轴对称关系，对称轴上点的切向速度应为 0。不过公式 (2.3.24) 和式 (2.3.25) 可用来计算气泡和壁面或自由面与壁面交接点处的切向速度。

求得气泡表面法向速度 Φ_n 和对应的切向速度 Φ_s 后，即可通过下式获得节点的全速度：

$$\begin{cases} \Phi_r = \Phi_s n_z + \Phi_n n_r \\ \Phi_z = -\Phi_s n_r + \Phi_n n_z \end{cases} \tag{2.3.26}$$

则自由面处的运动学边界条件可以获得，自由面的节点位移可以更新。

2.3.3　表面张力

前两节中给出了控制方程的数值求解方法，这里进一步分析边界条件的求法。观察自由面、空泡或气泡的动力学边界条件可知，如若更新速度势，仅有速度 $\nabla\Phi$ 是不够的，还需要计算表面张力 $\tilde{\sigma}\kappa$。对于给定的流体，表面张力系数是已知的，难点在于计算局部曲率 κ。根据杨氏-拉普拉斯方程，曲率可写为

$$\kappa = \frac{1}{R_1} + \frac{1}{R_2} = \kappa_1 + \kappa_2 \tag{2.3.27}$$

式中，R_1 和 R_2 分别为对应的主曲率半径，κ_1 和 κ_2 分别为对应的主曲率。根据解析几何，对于轴对称的回转体，主曲率半径可写作[9]：

$$\kappa_1 = \frac{r''(z)}{[1 + r'^2(z)]^{3/2}} \quad 和 \quad \kappa_2 = \frac{-1}{r(z)[1 + r'^2(z)]^{1/2}} \tag{2.3.28}$$

式中，$r'(z)$ 和 $r''(z)$ 分别是 r 对 z 的一阶和二阶导数。若考虑到 r 和 z 也是弧长 s 的函数，引入参数方程 $r = r(s)$ 和 $z = z(s)$，则通过对参数方程的求导，可得到关于弧长的主曲率半径公式如下：

$$\kappa_1 = \frac{r''(s)z'(s) - r'(s)z''(s)}{[r'^2(s) + z'^2(s)]^{3/2}} = r''(s)z'(s) - r'(s)z''(s) \tag{2.3.29}$$

$$\kappa_2 = \frac{-z'(s)}{r(s)[r'^2(s) + z'^2(s)]^{1/2}} = -\frac{z'(s)}{r(s)} \tag{2.3.30}$$

式中，$r'(s)$、$r''(s)$、$z'(s)$ 和 $z''(s)$ 分别为 r 和 z 对弧长 s 的一阶和二阶导数，数值上可采用中心差分近似求得，较之式 (2.3.28) 更易求解。上式第二个等号源自 $(dr/ds)^2 + (dz/ds)^2 = 1$。将式 (2.3.29)~ 式 (2.3.30) 代入式 (2.3.27)，并考虑到 $dr/ds = n_z$ 和 $dz/ds = -n_r$，可有

$$\kappa_1 = -n_r \frac{\partial n_z}{\partial s} + n_z \frac{\partial n_r}{\partial s} \tag{2.3.31}$$

$$\kappa_2 = \frac{n_r}{r} \tag{2.3.32}$$

当 $r = 0$ 时,有 $n_r \dfrac{\partial n_z}{\partial s} = 0$ 和 $\lim\limits_{r \to 0} \dfrac{n_r}{r} = \dfrac{\partial n_r / \partial s}{n_z}$。故综合起来有局部曲率 κ 的表达式:

$$\kappa = \begin{cases} -n_r \partial n_z / \partial s + n_z \partial n_r / \partial s + n_r / r, & r > 0 \\ n_z \partial n_r / \partial s + (\partial n_r / \partial s) / n_z, & r = 0 \end{cases} \tag{2.3.33}$$

2.3.4 时间步进

根据 2.3.1 和 2.3.2 两小节,在一个时间步内求得各物理量后,需通过边界条件对自由面的形状和速度势以及物体的位置进行更新。本书推荐采用四阶龙格–库塔 (Runge-Kutta) 法 [10] 进行数值求解,假设未知向量 $\boldsymbol{X} = \{\{r\}, \{z\}, \{\Phi\}\}$ 的导数可以写成如下的函数形式:$\mathrm{d}\boldsymbol{X}/\mathrm{d}t = f(\{r\}, \{z\}, \{\Phi\}, \{\Phi_n\}) = f(\boldsymbol{X}, \{\Phi_n\})$。假设在 Δt 时间步长内法向导数 $\{\Phi_n\}$ 保持不变,则通过四阶龙格–库塔法有

$$\boldsymbol{X}^{i+1} = \boldsymbol{X}^i + (k_1 + 2k_2 + 2k_3 + k_4)\Delta t / 6 \tag{2.3.34}$$

式中,$\boldsymbol{X}^{i+1}$ 和 $\boldsymbol{X}^i$ 分别为第 i 和 $i+1$ 个时间步内的位置向量,系数矩阵 $k_1 \sim k_4$ 表达式为

$$k_1 = f\left(\boldsymbol{X}^i, \{\Phi_n\}\right); \qquad k_2 = f\left(\boldsymbol{X}^i + k_1 \Delta t / 2, \{\Phi_n\}\right)$$
$$k_3 = f\left(\boldsymbol{X}^i + k_2 \Delta t / 2, \{\Phi_n\}\right); \quad k_4 = f\left(\boldsymbol{X}^i + k_3 \Delta t, \{\Phi_n\}\right)$$

四阶龙格–库塔法相对于其他差分格式在消耗计算量相当的情况下,具有更好的数值精度。具体计算耗时是和选择的时间步长 Δt 密切相关的,本书基于流体粒子的速度和加速度为基础,选择变步长方法。对应的计算公式分别为

$$\Delta t_1 = \min\{C \cdot \Delta l / |\boldsymbol{\nabla}\Phi|\} \tag{2.3.35}$$

$$\Delta t_2 = D / \max\left\{\frac{1}{2}|\boldsymbol{\nabla}\Phi|^2 - gz + \frac{\tilde{\sigma}\kappa}{\rho}, \frac{1}{2}|\boldsymbol{\nabla}\Phi|^2 - gz + \frac{\tilde{\sigma}\kappa}{\rho} + \frac{P_\infty - P_v - P_0(V_0/V)^\iota}{\rho}\right\} \tag{2.3.36}$$

$$\Delta t = \min\{\Delta t_1, \Delta t_2\} \tag{2.3.37}$$

其中,Δl 和 $\boldsymbol{\nabla}\Phi$ 分别是某个单元的长度和单元节点对应的速度,C 和 D 分别是常数。通过公式 (2.3.35)~ 式 (2.3.37),可以确保流体粒子位移和速度势的改变在一定范围内,从而确保计算的稳定性和精确性,其中式 (2.3.36) 分母中第一项是控制自由面速度势变化,第二项是控制气泡表面速度势变化:当仅存在自由面时,无需第二项;当仅存在气泡面时,无需第一项;当且仅当自由面和气泡面同时存在时,这两项同时需要,如式 (2.3.36) 所示。此外,C 和 D 的具体取值将通过下文时间收敛性分析确定。

2.3.5   无量纲化

为了使得研究工作更具普遍意义和系统性,根据研究问题的侧重点不同,选择不同的特征物理量,将 2.1 节中控制方程和边界条件无量纲化,并引入对应的特征参数。由因次分析法可知,对于不讨论温度场及热交换的不可压动力学问题,选择 3 个基本特征量即可无因次所有的物理量,只是对于研究问题的不同侧重点,这 3 个基本特征量的选取可能不同。

大部分的工况中,物体出水过程中是具有非零的初始速度 W 的,此时选择的 3 个基本特征量为出水模型的垂向总长 $L = 2b$ (特征长度),模型出水的初始速度 W(特征速度),流体密度 ρ (特征密度)。在此基础上,通过无量纲化得到时间、压力和速度势的特征值为 L/W、ρW^2、LW。为了研究出水问题中所涉及的物理因素,定义傅汝德数 Fr、韦伯数 We、浸没参数 λ 如下:

$$Fr = W/\sqrt{gL} \tag{2.3.38}$$

$$We = \rho L W^2/\sigma \tag{2.3.39}$$

$$\lambda = h/L \tag{2.3.40}$$

其中,傅汝德数 Fr 用来描述出水速度的影响,韦伯数 We 用来描述自由液面表面张力的影响,浸没参数 λ 用来描述初始时刻浸没深度的影响;式中,浸没深度 h 为物体形心距离自由液面的高度,如图 2.1 所示。此后,无量纲量采用上方加杠 "–" 来标明。式 (2.1.2)、式 (2.1.9) 和式 (2.1.10) 对应的物体和自由面边界条件的无量纲形式如下:

$$\frac{\partial \bar{\Phi}}{\partial n} = n_z \tag{2.3.41}$$

$$\frac{D\bar{\Phi}}{D\bar{t}} = \frac{1}{2}|\boldsymbol{\nabla}\bar{\Phi}|^2 - \frac{\bar{z}}{Fr^2} + \frac{\bar{\kappa}}{We} \tag{2.3.42}$$

$$\frac{D\bar{r}}{D\bar{t}} = \frac{\partial \bar{\Phi}}{\partial \bar{r}}, \quad \frac{D\bar{z}}{D\bar{t}} = \frac{\partial \bar{\Phi}}{\partial \bar{z}} \tag{2.3.43}$$

然而,当考虑初始静止的轻质物体自由上浮的情况时,物体的初始速度为 0,且之后的速度是未知的,则不适合选择特征速度作为基本特征量。在此情况下,本书选择重力加速度 g(特征加速度) 作为基本特征量之一,特征长度和特征密度不变。此时,时间、压力、速度和速度势的特征值分别为 $\sqrt{L/g}$、$\rho g L$、$\sqrt{gL}$ 和 $\sqrt{gL^3}$,在此种情况下,$Fr = \bar{W}(t) = W(t)/\sqrt{gL}$ 随时间的变量,$We = \rho L^2 g/\sigma$。物面边界条件 (2.1.2) 和自由面动力学边界条件 (2.1.9) 为

$$\frac{\partial \bar{\Phi}}{\partial n} = Fr \cdot n_z \tag{2.3.44}$$

$$\frac{D\bar{\Phi}}{D\bar{t}} = \frac{1}{2}|\nabla\bar{\Phi}|^2 - \bar{z} + \frac{\bar{\kappa}}{We} \tag{2.3.45}$$

自由面运动学边界条件 (2.1.10) 与式 (2.3.42) 保持一致。此外，物体无量纲密度 $\bar{\rho}_b = \rho_b/\rho$ 也将是影响物体自由上浮的重要参量之一，将在下文深入讨论。

2.4 数 值 技 术

2.3 节中已经将有关数值模型的建立和基本求解方法进行了阐述，然而，为了能够顺利地完成物体出水的全过程，尚需要引入一些必要的数值技术。本节中，将就一些通用的数值技术进行描述，不同工况中需要的特殊数值技术将在以后的章节中分别描述。

2.4.1 数值光顺和网格重组技术

在时间步进过程中，当自由面产生大变形或者气泡产生射流，过于密集的网格将聚焦在大变形的局部或者射流尖端附近，使得自由面或气泡表面可能因网格堆积而呈现锯齿状，同时在非射流区网格过于稀疏，引起网格畸变，导致计算过程终止，为此，需采用数值光顺和网格重步技术。

对于数值光顺技术，采用五点三阶光顺公式[11]，以 z 向坐标为例，计算公式如下所示：

$$f_1 = (69z_1 + 4z_2 - 6z_3 + 4z_4 - z_5)/70 \tag{2.4.1}$$

$$f_2 = (2z_1 + 27z_2 + 12z_3 - 8z_4 + 2z_5)/35 \tag{2.4.2}$$

$$f_i = (-3z_{i-2} + 12z_{i-1} + 17z_i + 12z_{i+1} - 3z_{i+2})/35 \tag{2.4.3}$$

$$f_N = (2z_{N-3} - 8z_{N-2} + 12z_{N-1} + 27z_N + 2z_{N+1})/35 \tag{2.4.4}$$

$$f_{N+1} = (-z_{N-3} + 4z_{N-2} - 6z_{N-1} + 4z_N + 69z_{N+1})/70 \tag{2.4.5}$$

式中，N 为气泡表面单元个数，z_i $(i = 1, \cdots, N+1)$ 和 f_i $(i = 1, \cdots, N+1)$ 分别为光顺前和光顺后气泡节点垂向坐标。气泡节点径向坐标 r_i 和速度势 Φ_i 均可采用式 (2.4.1)~ 式 (2.4.5) 进行光顺。式 (2.4.1)~ 式 (2.4.5) 对于自由面或气泡与壁面存在交界点的情况尤为适用，因为对于首末两点可采用式 (2.4.1)、式 (2.4.2)、式 (2.4.4) 和式 (2.4.5) 通过自由面或气泡表面节点信息外插获得。不过，对于自由面处在对称轴上的点，注意到本身的轴对称性，采用改进的式 (2.4.3) 光顺该点。对于 z 向第一点，将 $z_{i-1} = z_{i+1}$ 和 $z_{i-2} = z_{i+2}$ 直接代入式 (2.4.3) 即可求得 f_1；对于 z 向第二点，将 $z_{i-2} = z_i$ 直接代入式 (2.4.3) 即可求得 f_2，最后两点可类似求解。同样地，对于速度势 Φ_i 的光顺与 z_i 一致。但是对于径向坐标 r_i 的光顺，需要注意符号问题，即对于 r 向第一点，需将 $r_{i-1} = -r_{i+1}$ 和 $r_{i-2} = -r_{i+2}$ 代入式

(2.4.3) 求解 f_1。这里需要注意的是,数值光顺技术要慎用,过多地光顺将使得位移和速度势失真。对于气泡模型,通常在射流或者破裂前不需要采用光顺技术,在后期一般也是几十步才采用一次。

对于网格重步技术,采用三次样条函数拟合内插技术[11],主要分为以下 3 个步骤:首先,给出气泡以分段多边形为基本函数的三次样条拟合函数;其次,计算气泡的弧长,并给出关于弧长的三次样条拟合函数;最后,将弧长按照所需规律进行分割 (如等间距),并获得重新分布的节点坐标。具体过程简述如下。

首先,在已知气泡各节点坐标的基础上,可将气泡看做一个多边形,设第 i 个分段起始点到气泡的第一点的多边形弧长距离为 l_i,在第 i 分段上,对应的 r 和 z 向坐标可写为

$$r_i(l) = a_{ri} + b_{ri}(l - l_i) + c_{ri}(l - l_i)^2 + d_{ri}(l - l_i)^3, \quad (i = 1, \cdots, N+1) \qquad (2.4.6)$$

$$z_i(l) = a_{zi} + b_{zi}(l - l_i) + c_{zi}(l - l_i)^2 + d_{zi}(l - l_i)^3, \quad (i = 1, \cdots, N+1) \qquad (2.4.7)$$

令多边形交接点处一阶和二阶导数连续,则可求解获得式中的待定系数 $a_i \sim d_i$,具体实现过程请参见数值分析[10]。在此基础上,应用弧长公式求得每个多边形分段的弧长 h_i,见图 2.3:

$$h_i = s_{i+1} - s_i = \int_{l_i}^{l_{i+1}} \sqrt{|r_i'(l)|^2 + |z_i'(l)|^2}\,\mathrm{d}l, \quad (i = 1, \cdots, N+1) \qquad (2.4.8)$$

式中,s_i 为第 i 个分段起始点到气泡的第一点的总弧长,同时 $r_i'(l) = b_{ri} + 2c_{ri}(l - l_i) + 3d_{ri}(l - l_i)^2$;$z_i'(l) = b_{zi} + 2c_{zi}(l - l_i) + 3d_{zi}(l - l_i)^2$。

可采用 Gauss-Legendre 公式对式 (2.4.8) 进行积分,具体算法见数值分析[10]。在求得式 (2.4.8) 后,即可用弧长 s 替代式 (2.4.6) 和式 (2.4.7) 中的 l 而得到新的插值函数 $r_i(s)$ 和 $z_i(s)$,类似地,也可采用相似的方法获得速度势插值函数 $\Phi_i(s)$。这样,即可通过插值函数计算出距离气泡第一点任意弧长处 r, z 和 Φ 的值。也就可以根据计算需要,按一定规律划分气泡弧长,达到重新分布网格节点的目的。

2.4.2   固液交界点的特殊处理

在物体出水问题中,自由面与物体湿表面之间存在交界点。类似地,在带有气泡物体出水过程中,气泡与物体湿表面也存在交界点。本小节就给出自由面与物体表面间交界点的数值处理方法,气泡面与物体表面的交界点可用类似的方法处理。

自由面与物面间交界点的处理必须十分小心,因为此点需要同时满足自由面的 Dirichelet 边界条件又要满足物面的 Neumann 边界条件。数值上看,此点的速度势可能是连续的,但两种界面的法向却是不连续的,交界点的法向速度 Φ_n 既属于自由面,又属于物面。从物面的单元看,Φ_n' 是已知的,但从气泡面的单元看,Φ_n''

是未知的[12]。因次，在计算方程 (2.3.9) 的系数矩阵 G_{ij} 时，需要将其分为两部分：来自物面的积分 G'_{ij} 和来自自由面的积分 G''_{ij}。这样，对方程 (2.3.9) 进行重组，将所有未知的法向速度和未知的速度势移到方程左边，则可一起求解。现以自由面与物面的交界点 d 为例，说明重组的矩阵方程如下：

$$
[H^{\mathrm{W}} \quad -G''_d \quad -G^{\mathrm{F}}]
\left\{\begin{array}{c}
\Phi^{\mathrm{W}} \\
\Phi''_{nd} \\
\Phi^{\mathrm{F}}_n
\end{array}\right\}
=
[G^{\mathrm{W}} \quad G'_d \quad -H_d \quad -H^{\mathrm{F}}]
\left\{\begin{array}{c}
\Phi^{\mathrm{W}}_n \\
\Phi'_{nd} \\
\Phi_d \\
\Phi^{\mathrm{F}}
\end{array}\right\}
\tag{2.4.9}
$$

式中，上标 W 和 F 分别表示物面上和自由面上的节点，d 表示交界点。

通过式 (2.4.9) 获得节点法向速度后，不可直接采用式 (2.3.21) 对交界点的位置进行更新，否则交界点可能无法精确落在物体表面上，从而产生界面分离并导致程序崩溃。为了避免此类数值误差，对于交界点的速度合成，采用下面的方法。

从自由面角度看，可以求得交界点沿自由面的法向速度 Φ''_n 和切向速度 Φ''_s，而从物面角度看，也可以求得交界点沿物面的法向速度 Φ'_n 和切向速度 Φ'_s。首先将气泡面求得的 Φ''_n 和 Φ''_s 投影到物面的法向和切向坐标系中，得到物面坐标中投影的法向速度 $\tilde{\Phi}''_n$ 和切向速度 $\tilde{\Phi}''_s$。然后，一方面强制令 $\tilde{\Phi}''_n$ 等于物面自身求得的法向速度 Φ'_n，应用 Φ'_n 取代 $\tilde{\Phi}''_n$，删去 $\tilde{\Phi}''_n$；另一方面应用新的切向速度 $\tilde{\Phi}''_s$ 取代 Φ'_s，删去 Φ'_s。这样，最终应用 Φ'_n 和 $\tilde{\Phi}''_n$ 合成得到柱坐标系中交界点 d 的 r 向和 z 向的速度 Φ_{rd} 和 Φ_{zd}。

应用公式表示上述数值处理过程，即

$$
\begin{cases}
\tilde{\Phi}''_n = \Phi''_s(n_{r1}n_{r2} + n_{z1}n_{z2}) + \Phi''_n(n_{r1}n_{z2} - n_{z1}n_{r2}) \\
\tilde{\Phi}''_s = -\Phi''_s(n_{r1}n_{z2} - n_{z1}n_{r2}) + \Phi''_n(n_{r1}n_{r2} + n_{z1}n_{z2})
\end{cases}
\Rightarrow
\begin{cases}
\Phi_{rd} = \tilde{\Phi}''_s n_{z1} + \Phi'_n n_{r1} \\
\Phi_{zd} = -\tilde{\Phi}''_s n_{r1} + \Phi'_n n_{z1}
\end{cases}
\tag{2.4.10}
$$

式中，(n_{r1}, n_{z1}) 和 (n_{r2}, n_{z2}) 分别是交界点处单位向量沿物面和沿自由面面的法向和切向分量。应用式 (2.4.10) 即可更新交界点的位置，并确保交界点一直沿物面切向滑移，而不会入侵或脱离物面。

2.4.3 间接边界元法计算流场速度

根据以上各小节的叙述，目前已经可以计算物体出水的基本过程。然而，如果研究者关心的是流体的速度分布或物体表面压力，还需要子程序进行补充。下面两小节就阐述在计算流场速度和物面压力时的比较巧妙的方法。

对于求解物体在流场诱导的速度，通常有两种方法：一是对式 (2.2.1) 计算的 p 点速度势进行差分运算，式 (2.2.1) 又称为 "直接边界元法 (DBEM)"；另一种方法是采用如下所示的 "间接边界元法 (IBEM)"。

流场中 p 点速度势 $\Phi(p)$ 可通过在边界上分布源密度为 $\gamma(q)$ 的分布源而求得:

$$\Phi(p) = \iint\limits_{S_W+S_F+S_K} \frac{\gamma(q)}{|r-R|} \mathrm{d}s_q = G \cdot \gamma(q) \tag{2.4.11}$$

式中, $\gamma(q)$ 是由分布源密度 $\gamma(q)$ 组成的列向量。如果我们将点 p 布置在边界上,则可应用式 (2.4.11) 可以反解出源密度向量有

$$\gamma(q) = G^{-1} \cdot \Phi(p) \tag{2.4.12}$$

式中, 系数矩阵 G 已经在式 (2.3.9) 中计算得到了。这样, 流场中 p 点速度可通过下式求得

$$\nabla\Phi(p) = \nabla_p \iint\limits_{S_W+S_F+S_K} \frac{\gamma(q)}{|r-R|}\mathrm{d}S = \int\limits_{l_W+l_F+l_K} \gamma(q)r\nabla_p\left(\int_0^{2\pi}\frac{1}{|r-R|}\mathrm{d}\theta\right)\mathrm{d}l \tag{2.4.13}$$

式中,

$$\nabla_p \int_0^{2\pi}\frac{1}{|r-R|}\mathrm{d}\theta = \nabla_p\left(\frac{4}{\sqrt{A}}K(m)\right)$$
$$= \frac{2}{A^{3/2}}\left(\frac{A}{R}\left(\frac{E(m)}{m_1}-K(m)\right)\right.$$
$$\left. -2(R+r)\frac{E(m)}{m_1}\right)\mathbf{i} - \frac{4}{A^{3/2}}\left(\frac{E(m)}{m_1}(Z-z)\right)\mathbf{j}$$

其中, $\mathbf{i}$ 和 $\mathbf{j}$ 分别是沿着 r 和 z 方向的单位向量。对比上式和式 (2.3.10), 可发现二者求解形式十分类似, 仅需将 $\nabla_q(4K(m)/\sqrt{A})$ 改成 $\nabla_p(4K(m)/\sqrt{A})$, 在式 (2.3.10) 已经获得的基础上, 式 (2.4.13) 十分容易求解。此外, 本方法在计算 3 维模型诱导的速度时尤为方便, 因为此时 $\nabla_q(1/|r-R|)$ 与 $\nabla_p(1/|r-R|)$ 仅是符号相反, 求解方法完全一致。

采用间接边界元法 (IBEM) 求解流场速度的主要优势在于避免了直接边界元法需要求解二阶导数的难点。而且在已经获得了边界上的系数矩阵 G 和速度势 Φ 的情况下, 数值求解 (2.4.13) 十分容易, 故本文采用 IBEM 求解流场的速度。

2.4.4　辅助函数法计算物面压力

在物体出水问题的计算中, 物体结构表面的压力值是很重要的物理量。流场中任意一点的压力可根据伯努利方程[1] 求得

$$P = P_\infty - \rho\left(\frac{\partial\Phi}{\partial t} + \frac{1}{2}|\nabla\Phi|^2 + gz\right) \tag{2.4.14}$$

观察上式可以发现, 右面的几项中, $\partial\Phi/\partial t$ 是较难求解的。由于在出水问题中, 物体一直处于移动状态, 物面上的点有可能在前 (后) 一时间步不在流场内, 该点的速度势也就不存在, 此时则无法直接采用对速度势进行时间差分的办法来求解 $\partial\Phi/\partial t$。此外, 由于物面的网格采用了动网格技术, 因此每个时间步节点的对应位置不一样, 采用速度势进行时间差分方法求 $\partial\Phi/\partial t$ 也比较困难。为了解决上述难点, 基于 Wu 和 Hu[13] 的研究工作, 本文采用辅助函数法来求解上述积分。设定一个辅助函数 $\chi_1(x, y, z, t)$ 形式如下:

$$\chi_1 = \frac{\partial\Phi}{\partial t} + W\frac{\partial\Phi}{\partial z} \tag{2.4.15}$$

χ_1 在流场内满足拉普拉斯方程 $\nabla^2\chi_1 = 0$。将式 (2.4.15) 代入的自由面动力学边界条件 (2.1.5) 中, 可以求出 χ_1 在自由面的边界条件:

$$\chi_1 = W\frac{\partial\Phi}{\partial z} - \frac{1}{2}|\nabla\Phi|^2 - gz + \frac{\sigma\kappa}{\rho} \tag{2.4.16}$$

参照 Wu[14] 的研究工作, χ_1 在物体表面所满足的边界条件为

$$\frac{\partial\chi_1}{\partial n} = \frac{\mathrm{d}W}{\mathrm{d}t} \cdot n_z \tag{2.4.17}$$

在定速出水问题中, 式 (2.4.17) 的右侧为 0。自由面的节点速度通过边界元法求解得到后, 式 (2.4.16) 的右侧很容易获得。那么有关 χ_1 的求解可以采用和计算速度势 Φ 相类似的程序进行, 随后物面上的压力可以通过将式 (2.4.15) 式 (2.4.14) 直接求解。

辅助函数法有利于在当前时间步内直接求解获得物体表面压力, 尤其是对于物体自由出水情况, 辅助函数法有利于物体和流体的解耦, 具体的数学方程和数值方法参见物体自由出水的章节。

2.5 本章小结

本章主要阐述本书重要模拟手段之一 —— 基于势流理论的边界元法的相关基本理论、数学方程、数值模型和数值处理手段等。本章阐述的均是通用的基本理论, 虽然以全湿椭球体为例, 但是对于其他形状的物体也都适用。在数值模型方面, 考虑到本书的对象是轴对称的回转物体, 故仅介绍了柱状坐标系下拉普拉斯方程的求解方法、格林函数的简化等。关于笛卡儿坐标系中的全 3 维问题的相关理论请参见其他参考文献。在数值技术方面, 主要介绍了固液交界点的特殊处理和辅助函数法计算物面压力等问题, 这些数值技术均是后续不同物体出水的基础, 在此基础上, 后续章节会针对各自问题的特殊性, 更进一步介绍相关的理论方法和数值处理

手段。本章的基本理论将为本书的数值模拟提供基础，此后本书的每一章节都将用到本章的基本理论，故需要深入理解并熟练掌握。

参 考 文 献

[1] Batchelor G, K. An Introduction to Fluid Dynamics [M]. Cambridge, UK: Cambridge University Press, 1967.

[2] Best J P. The formulation of toroidal bubbles upon collapse of transient cavities [J]. Journal of Fluid Mechanics, 1993, 251: 79–107.

[3] Cole R H. Underwater Explosion [M]. New Jersey: Princeton University Press, 1948.

[4] Brebbia C A. The boundary element method for engineers [M]. London, UK: Pentech Press, 1978.

[5] 张阿漫. 水下爆炸气泡三维动态特性研究 [D]. 哈尔滨: 哈尔滨工程大学, 2006.

[6] Abramowitz M, Stegun I A. Handbook of Mathematical Functions[M]. New York: Dover Publications, 1965.

[7] Schiffman M, Spencer D C. The force of impact on a cone striking a water surface (vertical entry) [J].Communications on Pure and Applied Mathematics, 1951, 4(4): 379–417.

[8] Klaseboer E, Sun Q, Chan D Y C. Non-singular boundary integral methods for fluid mechanics applications [J]. Journal of Fluid Mechanics, 2012, 696: 468–478.

[9] Bronshtein I N, Semendyayev K A. Handbook of Mathematics, 3rd edition [M]. Berlin, Springer Publication, 1997.

[10] 李庆扬, 王能超, 易大义. 数值分析 (第四版) [M]. 武汉: 华中科技大学出版社, 2006.

[11] Sun H. A boundary element method applied to strongly nonlinear wave-body interaction problems [D] Trondheim: Norwegian University of Science and Technology, 2007.

[12] Dommermuth D, Yue D K P. Numerical simulations of nonlinear axisymmetric flows with a free surface [J]. Journal of Fluid Mechanics, 1978, 187: 195–219.

[13] Wu G X, Hu Z Z. Simulation of non-linear interactions between waves and floating bodies through a finite-element-based numerical tank [J]. Proceeding of Royal Society A, 2004, 460: 2797–2817.

[14] Wu G X. Hydrodynamic force on a rigid body during impact with liquid [J]. Journal of Fluid Structures, 1998, 12: 549–559.

第3章 实验原理和实验设计

如前所述,对于出水问题的研究,除了理论分析和数值模拟之外,模型试验是一种直接有效地观测和分析物体出水这一复杂现象的有效手段。对于出水过程中可能涉及的自由表面的大变形和破裂、液体薄膜的滑动和脱离,以及液体、气体的混合等,模型试验将提供有效的观测手段。此外,模型试验为验证数值模型的有效性提供了一定依据,二者的比对和补充有利于深入分析物体出水过程中有关现象背后的力学机理。鉴于此,本章提供一种物体出水实验装置,并简要分析实验原理方法、方案设计和实验流程等内容,供有关研究人员参考。

本章中主要阐述全湿出水的实验装置的原理和设计等,对于带空泡物体和带气泡物体出水的实验装置,由于需要减压环境或者通气装置,与一般出水实验装置有很大不同,将不作为本书的阐述内容。针对这两部实验装置的相关原理和设计可参考相关文献 [1,2]。

3.1 实 验 系 统

针对现有出水实验装置技术上的不足,自主设计了一套新型物体出水实验装置,可以控制物体出水时的角度和速度,实现不同形状物体在多种出水方式下的出水实验。本节所介绍的物体出水实验装置,属于船舶与海洋工程实验领域,主要用于研究物体出水过程中所涉及的复杂的流体力学行为。

3.1.1 物体出水实验装置设计

本文所用的是一种带有速度调节的物体出水控制实验装置[3],可提供不同密度物体的强迫出水和密度小于水的轻质物体的自由出水。对于强迫出水,还可通过驱动装置改变物体出水速度和出水方向,是一种出水形式多样化的,出水方向、出水速度可控的新型出水实验装置。实验装置由承重底座、丝杠支架、水平滑台、方向连接架、"L" 型连杆组成;承重底座安装有滑轨和配重,并支撑丝杠支架和水平滑台;丝杠支架由支架、驱动电机、丝杠、滚珠轴承组成;水平滑台由支撑架、齿轮齿条、驱动电机、移动架组成;方向连接架连接丝杆支架和水平滑台,实现装置水平、垂直运动的联系,改变实验模型出水的方向;"L" 型连杆安装电磁铁,用来连接实验模型。装置可以实现自由出水、垂直出水、斜出水实验,配合使用水槽和各种流场可视化仪器,能研究物体出水过程中所涉及到的自由液面大变形、液体薄膜的滑动和脱离等复杂流体力学行为。该实验装置可以大范围精确调节物体出水的速度和方向，能够实现多种形式出水实验，并且具有较高的可操作性和安全性。

图 3.1 提供了自行设计的出水实验装置的实物照片和结构示意图。从图 3.1(b) 可以看出，整个实验系统主要由水箱，实验装置，控制系统，电源柜和高速摄影系统 (Phantom V12.2) 组成。实验装置安装在水箱的一侧，高速摄影机放置在相对的另外一侧。电源柜中安装有滚珠丝杠伺服电机和齿轮齿条伺服电机的驱动控制设备，并通过电缆分布连接伺服电机和控制系统；控制系统即是安装有伺服电机控制软件和高速摄影机控制软件的计算机设备。水箱由双层透明丙烯酸材料制成，其框架结构由角钢紧固，如图 3.1(a) 所示。水箱的主要尺寸为长 3600mm，宽 800mm，深 1200mm。

 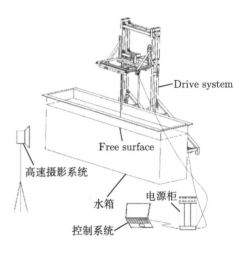

(a)实物装置实物图   (b)实验装置示意图[3]

图 3.1   物体出水实验装置[3]

如图 3.2 所示，该实验装置包括：1. 承重底座，2. 丝杠支架，3. 水平滑台，4. 方向连接架，5. "L" 型连杆，6. 承重底座框架架构，7. 配重，8. 滑轨，9. 缓冲垫，10. 限位器，11. 位置传感器，12. "U" 型结构件，13. 丝杠支架框架结构，14. 1 号驱动电机，15. 联轴器，16. 丝杠，17. 滚珠轴承，18. 2 号驱动电机，19. 移动台，20. 齿轮，21. 齿条，22. 套筒，23. 角铁，24. 方管，25. 1 号钢管，26. 2 号钢管，27. 3 号钢管，28. 电磁铁，29. 螺栓，30. 铁销。

如图 3.2(b) 所示，承重底座由方管材料组成框架结构，并在框架结构的三角支撑部分安装配重；框架结构的上部两侧安装滑轨，用来连接水平滑台；框架架构的上部和中部同时安装限位器和位置传感器；底座的中部安装了两个缓冲垫；框架结构的上部安装有一个 "U" 型结构件，用来连接丝杠支架上端的滚珠轴承。

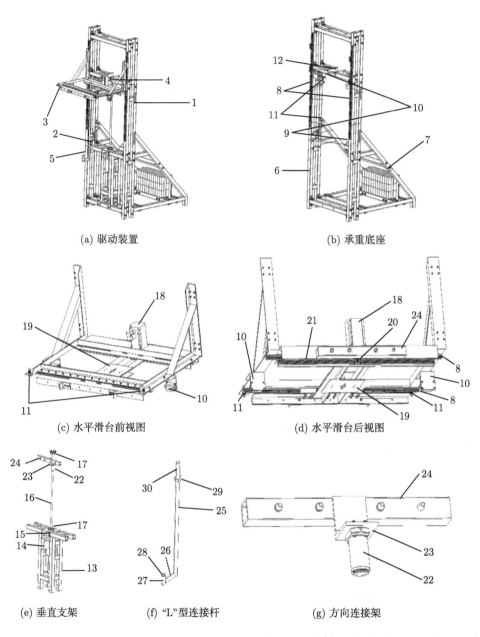

(a) 驱动装置　　　　　　　　　　　　(b) 承重底座

(c) 水平滑台前视图　　　　　　　　　(d) 水平滑台后视图

(e) 垂直支架　　　　(f) "L"型连接杆　　　　(g) 方向连接架

图 3.2　出水实验装置分解示意图[3]

　　如图 3.2(c)~(e) 所示，丝杠支架下部安装有 1 号驱动电机，丝杠由联轴器和 1 号电机相连；丝杠上下端通过滚珠轴承固定在 "U" 型结构件上；丝杠顶端通过套筒和方向连接架相连接。水平滑台通过滑轨和承重底座连接；水平滑台的两侧安装有位置传感器和限位器；移动台用滑轨和滑台相连；2 号驱动电机安装在滑台上，2 号电机的传动轴通过齿轮和移动台上的齿条连接；"L" 型连杆通过紧固件安装在移动台上。

如图 3.2(f)~(g) 所示，方向连接架主要由套筒、角铁、方管组成；套筒连接在丝杠顶端，并和角铁连接；角铁又和方管焊接在一起，方管通过紧固件安装在水平滑台上。"L" 型连杆由 3 段钢管组成，通过螺栓和铁销紧固在移动台上；连杆的 3 号钢管顶端安装有电磁铁，并做防水密封处理。

该实验装置和现有实验设备相比具有以下优点：采用电机驱动实验装置，使得物体出水的速度可以大范围精确控制；通过方向连接架使得水平运动和垂直运动联动，可以精确调节物体出水时的角度，满足可变角度的斜出水实验；"L" 型连杆的使用可以满足不同形状物体在不同出水方式下 (自由出水、强迫出水) 出水实验的要求，具有良好的实用性，提高了装置的实验效率；实验装置的驱动电机可以由计算机控制，同时实验装置大量采用限位器，提高了实验过程的安全性。

3.1.2　物体出水实验控制方案

由于该出水实验装置采用电子控制系统来驱动设备的运动，根据实验装置的主要功能及主要技术指标要求，确定控制系统 — 升降平移滑台的总体控制方案如图 3.3 所示。其中上位机 (工控机或触摸屏) 具有对伺服系统下发指令信号 (根据所需要的速度情况，发出控制指令) 功能；下位机 PLC 根据上位机要求 (上位机指令信号)，发出高速脉冲和电机转动的方向信号，经过伺服驱动器控制伺服电机旋转，同时伺服电机编码器把采集到的信息反馈给驱动器，由 PLC 通过驱动器读取编码器返回值，实现实时监控。

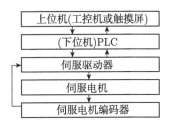

图 3.3　出水实验装置的计算机控制系统总体方案图

3.1.3　实验模型的设计与安装

为了研究物体出水过程中，物体外形尺寸、出水方式等对自由面变化的影响作用，因此选取了圆球、椭球、圆锥 3 种类型外形作为实验研究对象[4]，如图 3.4 所示。1 号模型是密度小于水的空心圆球模型，模型直径 $D = 140$mm，质量 $M = 0.15$kg，密度 $\rho \approx 0.1 \times 10^3$kg/m³。2 号模型是密度大于水的实心圆球模型，模型直径

$D=140$mm，质量 $M=3.55$kg，密度 $\rho \approx 2.4 \times 10^3$kg/m^3。3 号模型是密度大于水的空心圆球模型，模型直径 $D=150$mm，质量 $M=2.88$kg，密度 $\rho \approx 2.7 \times 10^3$kg/m^3。4 号模型为椭球，长轴半径 $b=300$mm，短轴半径 $a=75$mm，长短径比例 $b/a=4$；椭球质量 $M=6.78$kg，密度 $\rho \approx 0.96 \times 10^3$kg/m^3。5 号模型为圆锥体，模型的最大底面

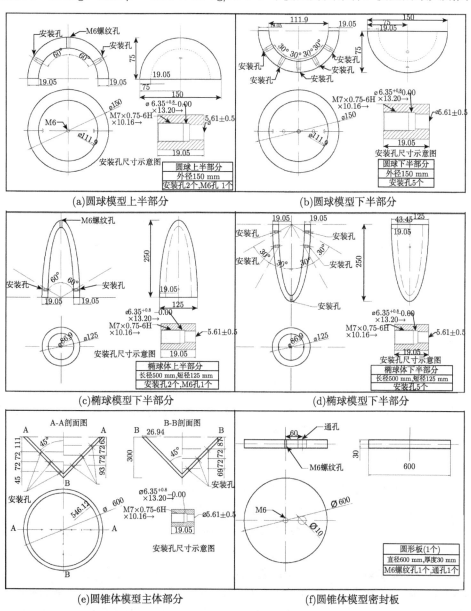

图 3.4 出水实验装置分解示意图

半径 $R=200$mm，圆锥的轴截面 (经过圆锥的轴的截面) 的两条母线之间的夹角 $\beta = 90°$，圆锥母线和水平面的夹角 $\alpha = 45°$。6 号模型为空心带折角圆锥模型，模型上部圆锥的轴截面的两条母线之间的夹角 $\beta = 120°$，圆锥母线和水平面的夹角 $\alpha = 30°$，锥面的母线长度 $L=114$mm，最大底面半径 $R=200$mm；模型下部圆柱部分的高度 $H=145$mm，最下部为厚度 $D=36$mm，直径 $R=200$mm 的密封隔板，隔板上部带有螺纹安装孔，用来连接实验装置的模型连杆；模型质量 $M=2.55$kg，密度 $\rho \approx 0.43 \times 10^3$kg/m^3。

1 号模型和 2 号模型为货架商品，为薄壁不锈钢空心圆球，其中 2 号模型内部灌注水泥用来调节模型密度。两个模型都安装有电磁铁适配器 (小型厚圆铁片) 用来和驱动装置连接杆上的电磁铁相接。由于 1 号和 2 号模型都为薄壁圆球，且不能进行切割加工，无法在内部安装测试设备，因此采用金属机械加工的办法制作了 3 号、4 号、5 号模型，同时为了测试模型制作工艺，寻求更好的模型制作方法，采用树脂灌注的方法制作了 6 号模型。3 号、4 号和 5 号采用铝材整体切割、车削加工、表面打磨的办法进行制作，都有一定的壁厚用于预留加工传感器安装位置，3 号圆球模型和 4 号椭球模型都采用分块加工的办法，将模型分为上下两部分加工，最后组装在一起。5 号模型则分为圆锥和密封板这两部分进行加工。3 号、4 号模型既可以用电磁铁适配器连接实验装置的电磁铁连杆，也可以直接用实验装置的螺纹直杆连接。

3.2   实验总体方案

由于本文的模型实验分为半浸没定速出水、全浸没定速出水、全浸没自由出水 3 大类，同时每种类型的实验都采用多种模型、多种实验工况进行，因此每次实验的具体细节不尽相同。但是，总体而言，基于上述多功能出水实验装置所进行的实验大致步骤是类似的，现整理如下。

3.2.1   调试阶段

由于实验装置为带电操作，因此在每次实验前需要对参加本次实验的操作人员进行培训指导，阅读设备相关文档，了解所有开关、按钮、指示灯的功能及位置，以便突发情况能及时处理。在开启实验装置前，首先需要对设备状态排查，检验螺栓紧固件和螺栓压接件的工作状态，以防由于环境温度变化较大时，此类部件因不同的材料热缩系数而产生松动。同时，检查确保各断路器、热继电器均处于闭合工作状态。运行控制系统所附带的实验软件，首先确保竖直轴电机的抱闸功能打开，使竖直轴电机断电后即停止，否则意外断电会使水平台自由落体造成结构破坏或人身伤害。随后确认电源工作正常，启动实验装置。至此，实验装置调试完成，可以进行下一步实验。

3.2.2 预备阶段

由于实验装置的水平最大行程为 600mm，最大运行速度为 1500mm/s，竖直最大行程为 800mm，最大运行速度为 1500mm/s，因此实验装置开启后，将水平滑台和垂直支架移动到初始参考点，以防工作时超出设备行程。往实验水箱内加水，水面达到本次实验所需要的高度后停止。驱动实验装置水平滑台向上移动到最大高度，将本次实验所用的模型安装到相应的连接杆安装件上，水平滑台向下移动使得模型进入水面预定高度。打开分别放置在水箱两侧的高速摄影机 (Phantom V12.2) 和照明光源 (功率为 2000W)，调节两者和模型的相对位置，获得最佳拍摄角度，同时按照本次实验工况选取相应的摄影机采样频率。关闭光源，确保摄影机视场内的水箱壁面保持整洁，同时等待水箱内水的自由面趋于平静。

3.2.3 实验阶段

根据本次出水实验的工况，在控制系统的软件平台 (图 3.5) 上输入相应的运动参数，包括出水速度和运动距离 (小于设备行程)，自由出水没有此环节。打开照明光源，同时启动实验装置运动开关和高速摄影机拍摄开关，出水实验开始。模型在实验装置的驱动下根据预定工况运动，高速摄影机快速记录出水过程中自由面的变化情况。当设备停止运动或者模型完成预定运动后，实验结束，关闭照明光源和高速摄影机。

图 3.5 出水实验装置控制系统的上位机操作界面

3.2.4 后处理阶段

在完成该模型在实验所设计的各种工况下的出水运动后，将其从实验装置连接杆上移除，清除模型所吸附的水渍 (防止模型生锈损坏)，将其保存到实验室预定位置。将实验装置的水平滑台和垂直支架移动到停机位置，按照相关步骤关闭控制系统运行软件，断开实验中所采用的各项设备的电源，清理出水实验装置，将照明电源和高速摄影机回收安放到保护套内。采用专业软件保存高速摄影机拍摄到的物体出水实验数据，并对其进行后期处理。例如模型自身的位移变化和速度规律，自由面在出水过程中的各种变形以及物理现象等。

　　将以上实验方案步骤整理归纳后如图 3.6 所示。

图 3.6　模型出水实验的一般步骤

3.3　测量分析技术和方法

　　采用上述实验流程得到了物体出水过程中自由面变化的实验录像，根据理论分析和录像观察，需要从中提取典型时刻的图像，这样就可以得到在每个物体出水实验工况下自由面变化的系列图像记录。高速摄影机在每次实验中的采样频率是已知的 (2000Hz、3000Hz 等)，则其记录下的每两幅相邻图像之间的时间间隔 (ΔT) 也可以得知 (0.5ms、0.33ms 等)。在每次实验准备阶段结束后，可以在模型边放置直尺，用高速摄影机拍摄记录直尺的照片，这可以作为实验中的长度参考量；也可以直接选用已知的模型尺寸作为参考量。采用高速摄影机自带的软件量取所记录相邻图像模型的位置该变量，根据直尺或者模型尺寸在实物和图像中的缩放比例，我们可以得到两幅图像间模型的实际移动距离 (ΔL)。

　　在之前工作的基础上，通过相关的数学计算就可以得到所需时刻的速度、加速度等，此外还可以测量得到物体出水过程中水冢、水柱等相关物理量的变化曲线。但是由于实验水箱壁面亚克力材料和水的折射问题，摄像机观测高度和出水过程中自由面高度的相对变化，所拍摄到的图像并不是完全等比例的。袁绪龙、张宇文等[5] 的研究指出，此种现象造成的相对误差约为 0.3%～0.6%，这是目前研究手段尚无法解决的问题。后处理阶段的数据分析本文使用的是美国 OriginLab 公司最新研发公布的 Origin2016 专业函数绘图软件。在计算分析压力–时间、合力–时间、速度–时间等实验数据时，该软件的使用使得上述物理关系更加直观、有效地呈现在研究者面前。

3.4 不同类型出水实验方法

结合本书采用的出水实验装置来看,物体出水问题可以大致分为 3 类问题。在第一类问题中,模型在初始时刻半浸没在水中,物面和自由液面有交点,例如浮在水面的结构体。在出水过程中,模型在实验装置的驱动下以恒定的速度向上移动,物体湿表面会逐步减少,最终脱离水面,物面和自由面相分离。在第二类问题中,模型在初始时刻完全浸没在水中,物面和自由液面没有交点。随着时间的推移,模型以恒定的速度靠近自由面,然后穿透水面,模型最终脱离水面。在第三类问题中,模型在初始时刻的位置和第二类问题中是相同的,同样完全浸没在水中。在物体出水的过程中,密度小于水的模型在水中自由上浮靠近自由面,随后穿透水面。在之后的运动中,如果模型密度远小于水,有足够的加速度,则物体最终脱离水面。反之,物体将在脱离水面之前重新下落到水中。其中前两类问题,因为物体的速度一直是已知的,本书中称为强迫出水;第三类问题中物体速度是未知待求的,本书中称为自由出水。下面分别按照这 3 类问题阐述出水实验的基本方法。

3.4.1 半浸没物体强迫出水

在模型半浸没强迫出水实验中,采用上述的出水实验装置,选取圆球、椭球、圆锥体作为实验模型。模型和实验装置的安装方式采用直杆连接,直杆的下端固定有一根带有螺纹的螺杆。圆球和椭球各有一个顶点预制标准的螺纹孔,圆锥体的密封板圆心处也预留标准的螺纹孔用以和直杆连接。在每次实验之前,将实验装置的水平移动台向上移动到最大值,再将实验模型吊装在直杆底端,然后向下移动水平试验台使模型半浸没于水中的预定高度,如图 3.7 所示。待实验水槽内的水面趋于平静后,再开始进行实验。由于实验需要调节模型出水的速度,因此此出水实验所需要的时间也不同,由于摄影机的内存所限,因此对不同的实验速度需要选取相应的拍摄频率,同时,摄影机所拍摄的画幅大小也有变化。

3.4.2 全浸没物体强迫出水

在模型全浸没强迫出水实验中,采用的模型有圆球和椭球两种类型,不考虑圆锥体模型。由于初始时刻模型全部处于水面之下,同时,需要关注模型破开水面过程中自由面的变化,模型上部需要是完整干净的实验外形状态。因此,本章中实验模型的安装方式不能采用 3.4.1 小节中的直杆连接,否则模型上端的直杆将严重干扰自由面的破裂和变形等。为此实验连接杆采用 "L" 型连接杆,如图 3.8 所示。如 3.1.1 小节所述,连接杆底部安装有防水处理过的电磁铁。在 3.1.3 小节,我们讨论了模型的加工方式,3 号、4 号模型底部可以加装一个小型的电磁铁适配器。因此,模型在初始时刻将通过被电磁铁吸附而正向安放在连接杆上，随着实验装置下沉，模型将浸没于水中预定高度。

(a) 椭球半浸没出水   (b) 圆锥半浸没出水

图 3.7   半浸没出水初始时刻状态

(a) 椭球全浸没出水   (b) 圆球全浸没出水

图 3.8   半浸没出水初始时刻状态

3.4.3   全浸没物体自由出水

在自由出水实验中，物体的加速度主要通过浮力提供，因此选用密度小于水的 1 号圆球模型和 4 号椭球模型。模型的安装和 3.4.2 小节的全浸没物体强迫初速一致，即通过电磁铁吸附将模型安装在 "L" 型连杆上，如图 3.8 所示。对于自由出水而言，模型将不再通过实验装置驱动来向上运动，连杆仅是在初始时刻起到支撑的作用。实验开始后，关闭电磁铁电源，模型脱离连杆在浮力的作用下向上移动，加速度的大小和物体的密度有关。当模型的密度和水接近时，物体在完全脱离水面之前就在重力的作用下重新浸没入水。只有当模型的密度和水的密度的比重小到一定的值后，物体才会在重新下落之前完全脱离水面。

3.5 本 章 小 结

本章主要阐述本书另一重要模拟手段 —— 模型实验的相关基本理论、装置设计、实验方案和实验流程等。针对本书中主要关心的半浸没物体强迫出水、全浸没物体强迫出水和全浸没物体自由出水 3 大类，分别阐述不同类别出水的驱动方式和模型制作设计方法。在实验结果提取方面，主要采用的是高速摄影仪拍摄记录自由液面大变形和物体运动轨迹的手段，尚缺乏压力传感器、力传感器和加速度传感器等方法，所以暂时还没有直接获取物体表面压力、运动合力和加速度等数据。但是加速度可以通过物体运动的轨迹对时间进行二次求导而获得。同时，在模型制作方面，已经为压力传感器等预留了安装位置，所以尽管本书中没有直接获取物体表面压力和合力等，但是只要将传感器安装在模型上，即可直接获得相关数据。因此本章的实验方法和手段是具有通用性的。此外，本书中没有阐述有关带空泡或带气泡物体出水的实验装置和设计，这主要是因为减压装置或者通气装置等与本章的实验装置不同，但是相关的高速摄影技术和实验流程等仍然大体相同。关于带空泡或带气泡物体出水实验原理和设计等可参见他人的参考文献。本章的实验基本原理和设计制作，也可为相关科学研究和工程应用提供一定参考。

参 考 文 献

[1] 崔杰. 近场水下爆炸气泡载荷及对结构毁伤试验研究 [D]. 哈尔滨: 哈尔滨工程大学, 2013.

[2] 段磊. 通气空泡多相流流动特性研究 [D]. 北京: 北京理工大学, 2014.

[3] 孙士丽, 倪宝玉, 武奇刚, 等. 多角度物体入水和兴波运动实验装置 [P]. 中华人民共和国国家知识产权局, 2016, 05.

[4] 武奇刚. 回转体出水过程的自由面变形和流体载荷变化研究 [D]. 哈尔滨: 哈尔滨工程大学, 2017.

[5] 袁绪龙, 张宇文, 刘乐华. 空泡外形测量与分析方法研究 [J]. 实验力学, 2006, 21(2): 215-219.

第4章   全湿物体强迫出水

在物体在出水过程中,当物体速度是已知的,则在本书中定义为强迫出水,与之对应的是自由出水。根据初始时刻物体是否与自由面存在交点,又将全湿物体强迫出水分为全浸没物体出水和半浸没物体出水,前者物体初始完全浸没在水中,后者物体初始半浸没在水中。本章将分别介绍全浸没物体强迫出水和半浸没物体强迫出水的有关问题。首先给出在处理全湿物体强迫出水方面的一些必要的数值处理方法,此后给出在不同工况下全浸没物体强迫出水和半浸没物体强迫出水的数值模拟和模型试验结果,以及不同参数对全湿物体强迫出水的影响规律。

全浸没物体强迫出水在实际工程中有许多应用,典型的事例包含水下潜艇上浮出水和沉船打捞等。在国防领域,潜艇从潜航状态上浮出水的过程是该类问题。在初始时刻潜艇处于水下航行状态,艇身完全浸没于水中;当需要进行上浮补给时,利用高压气体将压水柜中的水排出,潜艇以一定的速度向海面移动;当潜艇到达海面附近后,潜艇艇艏或指挥台就以一定的角度将水面破开,潜艇上浮出水。在海底沉船打捞中,当初始时刻沉船完全处于水面之下,随后在海上起重设备的作用下,沉船以一定的速度向上移动,最后破开水面被打捞出水,这也是典型的该类问题。

半浸没物体强迫出水在实际工程,尤其是船舶与海洋工程领域中有许多应用。例如,在恶劣海况中的钻井平台,半浸没状态下的平台结构体在海浪的作用下脱离水面;还有在海上搁浅船舶打捞过程中,有些船舶破损严重需要将其完全打捞出水进行修复,搁浅船舶初始时刻半浸没于水中,在起重设备的驱动下完全脱离水面,也是一个典型的半浸没定速出水运动。

4.1   自由面破裂和脱落的处理方法

对于全浸没物体出水而言,存在以下几个主要难点:一是随着物体不断趋近自由面,自由面最终将在物体的作用下破裂;二是当物体速度较高或者自身比较肥胖时,破裂的自由面会贴服物体形成很长很薄的水层,本书称之为"射流",射流在物体上升过程中可能不断延长,而导致计算中止;三是随着物体的继续上升,贴服于物体表面的水层将最终脱离物体表面。这几个问题均涉及到介质的突变,在数值模拟方面尤其存在很大的挑战性。下面将分别阐述对于这几大难点的数值处理方法。

4.1.1 自由面破裂处理方法

随着物体不断接近自由面，从物理角度看，二者之间的水层也变得越来越薄并将最终变为 0，即物体完全出水。然而从数值角度看，当二者间水层变得越来越薄时，物面和自由面上的网格也必须不断减小，以匹配不断减小的水层厚度，这样才有可能保持数值计算持续下去。然而众所周知，数值计算的网格是不可能无止尽地缩小的，所以在数值模拟中，必然需要找到一个临界时刻作为物体完全穿透水面的时刻。此外，根据数值经验可知，如果破裂过程中水层处理不好，可能会影响后续计算的可持续性和稳定性。所以在数值上，必须采取一定方法让自由面破裂，从而在某一个临界时刻，令物体完全穿透水面，且保证数值继续计算下去。本书中选择的方法如下：当自由面与物面间水层的厚度极度小，小于某个临界值 $\Delta \bar{s}_{c1}$ 的时候，人为地将水层和自由面断裂，物体则在下一刻出水。

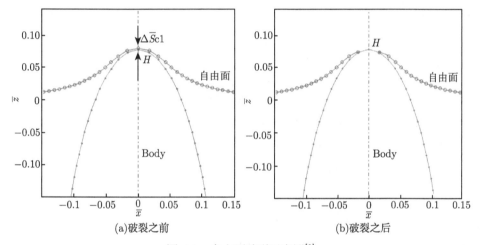

图 4.1 自由面破裂示意图[1]

对于本书中考虑的轴对称工况而言，可以预测到最薄的水层将出现在椭球的最高点的上方，即对称轴处。图 4.1 给出了 $\bar{y} = 0$ 面内自由面破裂的数值处理过程的示意图。主要的数值方面描述如下。

(1)**计算最小距离**：在每一个时间步内均计算对称轴上物面节点与自由面节点的距离，记为 $\Delta \bar{s}_0$。此距离为物体表面上节点到自由面的最小距离。

(2)**确定破裂时刻**：判断 $\Delta \bar{s}_0$ 与临界值 $\Delta \bar{s}_{c1}$ 的大小，当 $\Delta \bar{s}_0 \leqslant \Delta \bar{s}_{c1}$ 时，则认为水层足够薄，自由面将下一时刻可破裂。

(3)**破裂后节点分布**：破裂时刻，将自由面上距离对称轴最近的一个网格移除，并将网格的自由端点直接投影到物体表面上，投影后的交点记做 H，如图 4.1(b)所示。此后，点 H 到对称轴间物体表面上不需再布置网格。

(4) **破裂后物理量**：H 点的速度势直接采用自由面上移除网格后自由短点的速度势，其他节点的物理量均保持为破裂之前时刻的物理量。

(5) **破裂后计算**：此后采用 2.4.2 小节中的交界点处理方法处理 H 点，从而保证交界点不会穿透物面，即水层沿着物面滑动。其他节点的计算方法与第 2 章中的方法一致。采用上述的方法，即可保证水层顺利地打开。

4.1.2　细长射流的截断方法

如前所述，当物体的速度很高或者物体较 "肥胖" 时，图 4.1(b) 中贴服于物体的水层随着物体的上升会变得越来越薄、越来越长，本书中将细长的水层称为 "射流" 现象。过长射流的存在将严重影响数值计算的稳定性，并很有可能导致计算程序的中止。一种可能的数值处理方法是采用浅水方程，近似获得射流尖端的切向速度[2]。然而通过计算后发现射流尖端的切向速度相对于物体十分小，换言之，射流尖端几乎是随着物体一直上升而射流根部 (射流上具有最大曲率的地方) 却相对于物体向下运动。这也就导致射流随着物体一直向上运动且越来越长。为了克服这一难点，这里给射流尖端到射流根部的长度设定一个阈值 $\bar{l}_c$。当射流尖端到射流根部的长度大于 $\bar{l}_c$ 时，超过阈值部分的射流将被切掉，而在距离射流根部 $\bar{l}_c$ 长度处形成新的射流尖端。阈值 $\bar{l}_c$ 的选取需基于对于计算结果没有影响的前提下，需要通过数值计算而确定。具体 $\bar{l}_c$ 的取法将在 4.2.3 小节具体讨论。细长射流的截断处理，可确保数值结果没有影响的前提下，保证数值计算继续下去。

4.1.3　物体脱离水面处理方法

随着物体不断向上运动，物体的下端会逐渐接近水面，贴服于物体的水柱面积逐渐减小到 0，即物体完全脱离水面。与物体穿透水面类似，这一过程在数值中也需要强制处理，从而使流体在某一临界时刻完全脱离物体。对于本书考虑的轴对称流动，可以预见水柱一定将从椭球体的最低点脱落。如图 4.2(a) 所示。具体处理过程简述如下。

(1) **计算最小距离、确定脱离时刻**：在每一个时间步内均计算交点 H 到对称轴的水平距离，记为 $\Delta \bar{s}_1$。判断 $\Delta \bar{s}_0$ 与临界值的大小，这里临界值仍然选择为 $\Delta \bar{s}_{c1}$，当 $\Delta \bar{s}_0 \leqslant \Delta \bar{s}_{c1}$ 时，则认为水柱足够细，水柱将下一时刻脱离物体。

(2) **脱离后节点分布和物理量**：脱离后，直接将物体节点移除，仅留下自由面节点即可。自由面各节点的位置、速度势等物理量均保持为破裂之前时刻的物理量即可。

(3) **脱离后计算**：此后整个流域与仅有自由面的开放水域的计算一致，自由面的位置和速度势可通过公式 (2.1.10) 和式 (2.1.9) 进行更新。这样水柱可成功地脱离物体，而水面在物体扰动下继续震荡多次，将表面波传播到无穷远处，直到水面最终静止。

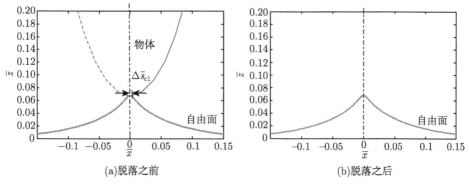

图 4.2　水层脱落示意图[1]

4.2　全浸没椭球体强迫出水

对于全浸没物体强迫出水，将选择椭球体和圆球体两种模型。首先，以椭球体为例，进行数值收敛性分析。

4.2.1　收敛性分析

首先进行破裂和脱离临界距离 $\Delta \bar{s}_{c1}$ 的敏感性分析和时间步以及网格数的收敛性分析，浸没参数和韦伯数分别取 $\lambda = 0.55$ 和 $We = 1.24 \times 10^6$ 不变。

对于破裂和脱离临界距离 $\Delta \bar{s}_{c1}$ 的敏感性分析，基于数值经验，公式 (2.3.27) 和式 (2.3.28) 中的 C 和 D 分别取为 1/120 和 1/2400。物体采用等间距均匀网格，网格大小为 $\Delta \bar{s}_b$，初始网格数取为 $N_b = 40$。这里令破裂和脱离临界距离 $\Delta \bar{s}_{c1}$ 从物面网格 $\Delta \bar{s}_b$ 的 20% 逐渐降低到 10% 和 5%。这里选择两个工况，一是低速的较细长的椭球体，长细比 $b/a = 4$，傅汝德数 $Fr = 0.3$；另一是高速的较肥胖的椭球体，长细比 $b/a = 2$，傅汝德数 $Fr = 1$。图 4.3 分别给出了这两个工况下不同破裂临界数 $\Delta \bar{s}_{c1}/\Delta \bar{s}_b$ 下流体脱离物体前一刻自由面形状。因为 $\Delta \bar{s}_{c1}$ 也是脱离临界距离，所以 $\Delta \bar{s}_{c1}/\Delta \bar{s}_b = 20\%$ 的工况比另外两个工况截止得更早。为了对比方便，在图 4.3 中选择同一时刻对比，其中图 4.3(a) 给出了低速的较细长椭球体在 $\bar{t} \approx 1.1072$ 时刻 3 种破裂临界数 $\Delta \bar{s}_{c1}/\Delta \bar{s}_b$ 下自由液面的变形，图 4.3(b) 给出了高速的较肥胖椭球体在 $\bar{t} \approx 1.2951$ 时刻 3 种破裂临界数 $\Delta \bar{s}_{c1}/\Delta \bar{s}_b$ 下自由液面的变形。从图中可见，尽管自由面破裂时刻有所不同，但所有工况在后续相同时刻对应的自由液面形状几乎重合。不同比例情况下，即使从局部放大图看自由面也几乎重合。可见，当水层足够薄的时候，$\Delta \bar{s}_{c1}$ 的选取不会对物面穿透自由面之后自由面的运动有太大的影响。在下文中，为方便计算，统一将 $\Delta \bar{s}_{c1}$ 选取为 $\Delta \bar{s}_b$ 的 10%。

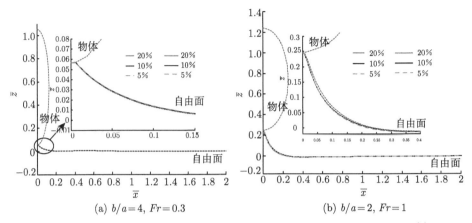

(a) $b/a = 4$, $Fr = 0.3$ (b) $b/a = 2$, $Fr = 1$

图 4.3   不同破裂临界数 $\Delta \bar{s}_{c1}$ / $\Delta \bar{s}_b$ 下流体脱离物体前一刻自由面形状[1]

为了进行网格密度的收敛性分析,选择时间步长控制参数 C 和 D 分别为 $1/120$ 和 $1/2400$。仍选择低速的较细长的椭球体:长细比 $b/a = 4$,傅汝德数 $Fr = 0.3$ 为例。初始物面母线上的网格数由 $N_b = 27$ 增加到 $N_b = 40$ 以及 $N_b = 54$。将椭球底点处压力在不同网格下的时历曲线绘制于图 4.4(a),可见压力曲线随网格数收敛性良好。垂直的虚线对应网格数为 $N_b = 40$ 工况下破裂时刻 $\bar{t} = 0.1177$,考虑到破裂时刻很接近,这里没有标注其他两种工况的破裂时刻。从图中可见采用辅助函数法计算得到的物面压力在自由面破裂前后是连续的。图 4.4(b) 给出了不同网格下椭球底点处流体粒子的 z 向位移。在流体完全脱离物体之前,流体粒子和椭球底点的速度是一致的,流体粒子的位移是线性增长的,所以可以预见不同网格数下所有的曲线是重合的。在流体脱离物体之后,不同网格数下流体粒子的位移是有一定区别的,但是从局部放大图中,可见三者的区别是十分小的,几乎可以忽略。从而验证了数值模型的网格收敛性。

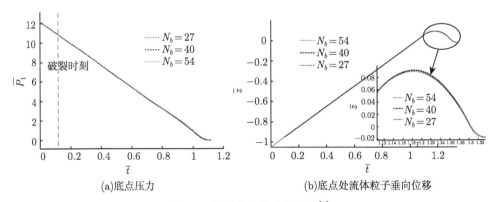

(a)底点压力   (b)底点处流体粒子垂向位移

图 4.4   网格收敛性分析图形[1]

　　为了进行时间步长的收敛性分析，保持初始物面的网格选取为 $N_b = 54$ 不变，将 C 和 D 分别由 $(1/80, 1/1600)$ 逐渐减低到 $(1/120, 1/2400)$ 以及 $(1/160, 1/3200)$。物体轴向流体力在不同时间步长下的时历曲线绘制于图 4.5，从中可见不同时间步长下流体压力收敛性良好。该合力的计算方法是直接将物面上各点的分布压力进行积分，关于合力其他的计算方法请见 4.2.2 小节。

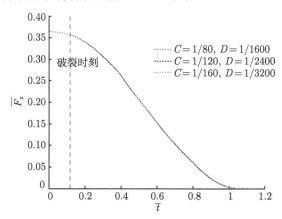

图 4.5　时间步长收敛性分析：不同时间步长下物体轴向流体力的时历曲线[1]

　　此后的算例中，如无特殊说明，本书中选择网格数 $N_b = 40$，时间步长参数 $C = 1/120$，$D = 1/2400$，即可满足计算的精度要求。

4.2.2　数值与实验对比

　　采用第 3 章所述的 4 号椭球体模型进行模型实验，其长半轴 $b = 300\text{mm}$，短半轴 $a = 75\text{mm}$，椭球的长短径比例 $b/a = 4$。选取出水速度 $W = 0.5\text{m/s}$ 作为典型工况，在此速度下相应的傅汝德数 $Fr = W/\sqrt{gL} \approx 0.21$。实验中初始时刻椭球的形心距离静水面的高度 $h = 350\text{mm}$，对应的初始浸没参数 $\lambda = h/L \approx 0.583$。数值模拟的参数与模型实验选取一致。为了拍摄到椭球体出水的全过程，本次实验中高速摄影机相邻两张照片的时间间隔为 $\Delta t_\text{p} = 0.5\text{ms}$。

　　图 4.6 是椭球体全浸没定速出水过程中，模型实验与数值模拟结果的对比图，其中数值模拟仅提供了物体的湿表面积和自由面，对应的时刻标注在每幅图下。从图中可见，数值模拟与实验数据大体吻合，验证了数值模拟的有效性。初始时刻 $t = 0\text{ms}$ 处于静止状态的椭球从图 4.6(a) 所示的位置突然开始移动。在椭球接近水面的过程中，处于物体上方的自由液面被向上顶起，如图 4.6(b)~(c) 所示。图 4.6(c) 中的时刻 $t \approx 99.5\text{ms}$ 是椭球上顶点和静水面平齐的时刻。物面和水面之间的水层变的越来越薄，同时，自由液面隆起形成的水冢也越来越高，并在图 4.6(d) 中的 $t \approx 143.0\text{ms}$ 时刻达到最大值。在此之后，自由面被撕裂，椭球穿透水面，数值模拟

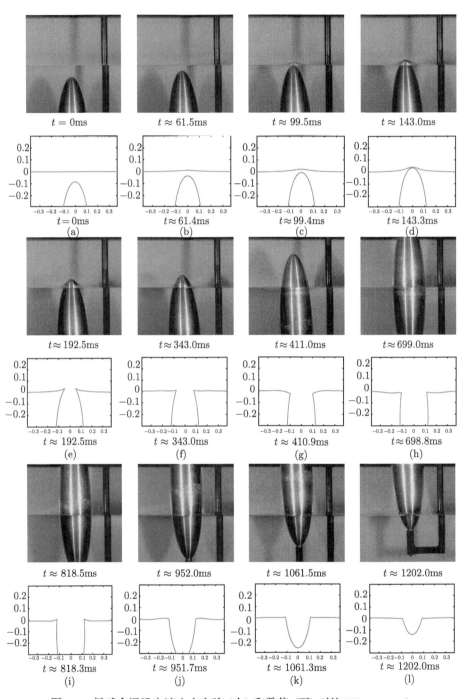

图 4.6　椭球全浸没定速出水实验 (上) 和数值 (下) 对比 $W = 0.5\text{m/s}$

中采用 4.1 节中所描述的水膜破裂方法。在椭球表面和水面交界点附近会形成较薄的液体水层。在 $t \approx 192.5$ms 的图 4.6(e) 中，该水层的端点达到最高值。随着物体的继续向上移动，水层的端点会沿着椭球表面向下滑动，如图 4.6(f) 所示。在 $t \approx 411.0$ms 时刻附近该点达到最低点，在图 4.6(g) 的实验图像中可以很清晰地看到这一现象。$t \approx 698.8$ms 时刻的图 4.6(h) 为椭球最大横截面穿过自由面的实验和数值图像。椭球附近的自由面会重新沿着物面向上涌动，水层的端点高度在图 4.6(i) 中的 $t \approx 818.3$ms 时刻重新达到向上的峰值。随后该点再次向下滑动，并在图 4.6(j) 中的 $t \approx 951.7$ms 时刻第二次达到最低点。在此之后的模型实验中，由于连接杆越来越近接近自由面，对实验结果会产生干扰，如图 4.6(l) 所示，因此，之后的实验数据将不在本文进行讨论，本次实验将在此结束。

4.2.3 数值模拟分析

4.2.2 小节中数值模拟与实验结果的良好比对，验证了数值模型的有效性。但是由于实验中连接杆的存在，影响了物体尾部脱离水面的过程。所以本节中将采用数值模拟的手段，深入分析不同参数情况下，椭球体完全出水的过程，包括物体脱离水面后自由面的震荡和兴波等。在本小节中，将主要考虑物体运动速度或傅汝德数 Fr 和物体长细比 b/a 这两个参数的影响，而保持其他参数不变，即浸没参数 $\lambda = 0.55$ 和韦伯数 $We = 1.24 \times 10^6$。

1. 细长体低速出水: $b/a = 4$ 和 $Fr = 0.3$

图 4.7 给出了 $b/a=4$ 的细长物体在低速 $Fr=0.3$ 的情况下出水的全过程。其中椭球体分为干表面积和湿表面积两部分，分别用虚线和实线表示；初始自由面静止为一水平面，用带点实线表示。图 4.7(a) 给出了初始时刻，此时物体突然运动，忽略加速阶段，直接以恒定速度 W 向上运动。在物体的扰动下，物体上方周围的流体开始向四周运动，自由面被物体顶起。图 4.7(b) 给出了在 $\bar{t} \approx 0.1177$ 时刻，物体头部的自由面刚刚破裂，物体即将穿越水面。物体将水层撕裂后在物体表面形成了很薄的水层，本书中称为"射流"。如图 4.7(c) $\bar{t} \approx 0.2189$ 所示，射流的顶部运动到绝对坐标系中的最高点。物体继续向上运动，射流顶点开始沿着物面向下滑动，射流整体长度变短，如图 4.7(d) $\bar{t} \approx 0.3318$ 所示；此后在图 4.7(e) $\bar{t} \approx 0.4304$ 中，物体和自由面的交点达到第一次最低值，在流体惯性作用下，在物体最大横剖面附近自由液面出现凹陷状态；图 4.7(f) 给出随着物体继续向上运动，自由面再次上升，并在 $\bar{t} \approx 0.6735$ 时物体和自由面的交点达到第二次最高点。之后交点再次下降，在图 4.7(g) $\bar{t} \approx 0.9347$ 时交点达到第二次最低值；随着物体底部的出水，四周流体向对称轴汇集，并形成了图 4.7(h) $\bar{t} \approx 1.1182$ 所示的水柱。此时已经达到 4.1.3 小节中的流体脱离物体的临界状态，下一步物体将完全出水。此后自由面将在物体的扰

动下不断震荡, 如图 4.7(i) 的局部放大图所示, 其中曲线 i、曲线 j 和曲线 k 分别对应自由面的首次峰值、首次谷值和二次峰值 (图中箭头方向标明了自由面演化时序)。从图中可见自由面在对称轴附近的震荡幅值越来越小, 物体的扰动正在以兴波的形式向外扩散。

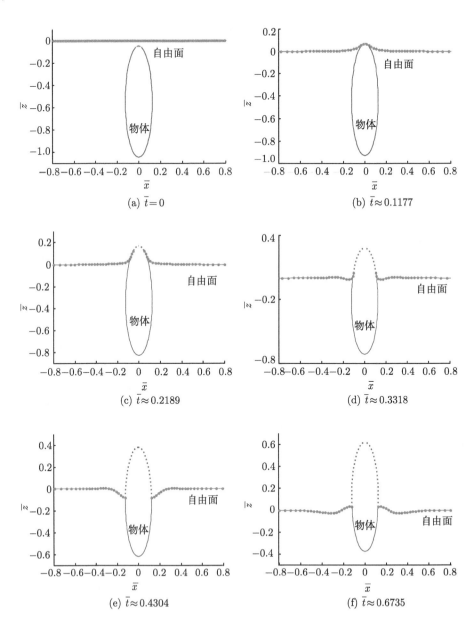

(a) $\bar{t}=0$ \qquad\qquad (b) $\bar{t}\approx 0.1177$

(c) $\bar{t}\approx 0.2189$ \qquad\qquad (d) $\bar{t}\approx 0.3318$

(e) $\bar{t}\approx 0.4304$ \qquad\qquad (f) $\bar{t}\approx 0.6735$

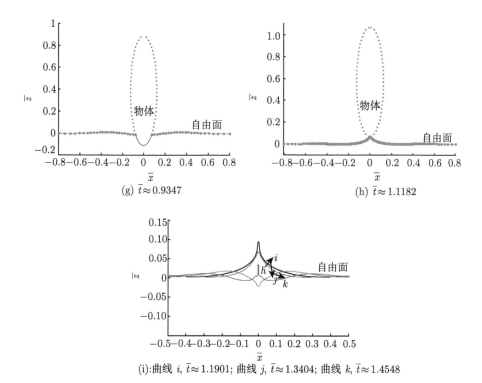

(g) $\bar{t}\approx 0.9347$

(h) $\bar{t}\approx 1.1182$

(i):曲线 i, $\bar{t}\approx 1.1901$; 曲线 j, $\bar{t}\approx 1.3404$; 曲线 k, $\bar{t}\approx 1.4548$

图 4.7 $\bar{y}=0$ 剖面内物面和自由面的形状[1] ($b/a=4$, $Fr=0.3$)

这里进一步考虑出水过程中附加质量的变化, 如图 4.8 所示, 附加质量的引入将有利于后续流体力的计算分析。根据附加质量定义有

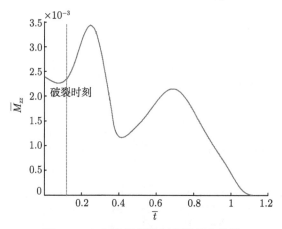

图 4.8 出水过程中附加质量的变化[1]

$$\bar{M}_{zz} = \int_{\bar{S}_{\mathrm{w}}} \bar{\Phi}\frac{\partial \bar{\Phi}}{\partial n}\mathrm{d}\bar{S} = \int_{\bar{S}_{\mathrm{w}}} \bar{\Phi}n_z\mathrm{d}\bar{S} \tag{4.2.1}$$

式中，$\bar{S}_{\mathrm{w}}$ 为物体的湿表面积。尽管物体向上运动的速度是恒定的，但是由于湿表面积的变化以及自由面的影响，附加质量在物体出水过程中剧烈变化。

接下来考虑流体力的计算方法。通常有两种计算流体力的方法，一是如前所述的压力积分法，即直接计算物面各点压力，再将压力积分：

$$F_z = -\int_{\bar{S}_{\mathrm{w}}(t)} \left[\frac{\partial \bar{\Phi}}{\partial t} + \frac{1}{2}(\boldsymbol{\nabla}\bar{\Phi})^2 + \frac{z}{Fr^2}\right]n_z\mathrm{d}\bar{S} \tag{4.2.2}$$

另一个方法是采用附加质量间接推导流体力，通过通量变化率公式[3,4]，有

$$\frac{\mathrm{d}}{\mathrm{d}t}\int_{S_{\mathrm{w}}(t)}\boldsymbol{q}\cdot\boldsymbol{n}\mathrm{d}\bar{S} = \int_{\bar{S}_{\mathrm{w}}(t)}\left[\frac{\partial \boldsymbol{q}}{\partial t} + (\boldsymbol{\nabla}\cdot\boldsymbol{q})\boldsymbol{\nabla}\bar{\Phi} + \boldsymbol{\nabla}\times(\boldsymbol{q}\times\boldsymbol{\nabla}\bar{\Phi})\right]\cdot\boldsymbol{n}\mathrm{d}\bar{S}$$
$$= \int_{\bar{S}_{\mathrm{w}}(t)}\left[\frac{\partial \boldsymbol{q}}{\partial t} + (\boldsymbol{\nabla}\bar{\Phi}\cdot\boldsymbol{\nabla})\boldsymbol{q} - (\boldsymbol{q}\cdot\boldsymbol{\nabla})\boldsymbol{\nabla}\bar{\Phi}\right]\cdot\boldsymbol{n}\mathrm{d}\bar{S} \tag{4.2.3}$$

取 $\boldsymbol{q} = \bar{\Phi}\boldsymbol{k}$，公式 (4.2.3) 可简化如下：

$$\frac{\mathrm{d}}{\mathrm{d}t}\int_{\bar{S}_{\mathrm{w}}(t)}\bar{\Phi}n_z\mathrm{d}\bar{S} = \int_{\bar{S}_{\mathrm{w}}(t)}\frac{\partial \bar{\Phi}}{\partial t}n_z\mathrm{d}\bar{S} + \int_{\bar{S}_{\mathrm{w}}(t)}\left[(\boldsymbol{\nabla}\bar{\Phi})^2 n_z - \bar{\Phi}\frac{\partial}{\partial n}(\boldsymbol{\nabla}\bar{\Phi})\cdot\boldsymbol{k}\right]\mathrm{d}\bar{S} \tag{4.2.4}$$

通过变形的斯托克斯公式，可获得

$$\int_{\bar{S}_{\mathrm{w}}(t)}\bar{\Phi}\frac{\partial}{\partial n}(\boldsymbol{\nabla}\bar{\Phi})\mathrm{d}\bar{S} = -\int_{\bar{S}_{\mathrm{w}}(t)}\boldsymbol{\nabla}\bar{\Phi}\frac{\partial}{\partial n}(\bar{\Phi})\mathrm{d}\bar{S} + \int_{\bar{S}_{\mathrm{w}}(t)}(\boldsymbol{\nabla}\bar{\Phi})^2\cdot\boldsymbol{n}\mathrm{d}\bar{S} + \int_{\bar{l}_{\mathrm{w}}(t)}\mathrm{d}l\times(\bar{\Phi}\boldsymbol{\nabla}\bar{\Phi}) \tag{4.2.5}$$

将公式 (4.2.5) 带入 (4.2.4) 中，

$$\frac{\mathrm{d}}{\mathrm{d}t}\int_{\bar{S}_{\mathrm{w}}(t)}\bar{\Phi}n_z\mathrm{d}\bar{S} = \int_{\bar{S}_{\mathrm{w}}(t)}\frac{\partial \bar{\Phi}}{\partial t}n_z\mathrm{d}\bar{S} + \int_{\bar{S}_{\mathrm{w}}(t)}\frac{\partial \bar{\Phi}}{\partial z}\frac{\partial \bar{\Phi}}{\partial n}\mathrm{d}\bar{S} - \int_{\bar{l}_{\mathrm{w}}(t)}\mathrm{d}l\times(\bar{\Phi}\boldsymbol{\nabla}\bar{\Phi})\cdot\boldsymbol{k} \tag{4.2.6}$$

将公式 (4.2.6) 带入 (4.2.2) 中，有

$$F_z = -\frac{\mathrm{d}}{\mathrm{d}t}\int_{\bar{S}_{\mathrm{w}}(t)}\bar{\Phi}n_z\mathrm{d}\bar{S} + \int_{\bar{S}_{\mathrm{w}}(t)}\left[\frac{\partial \bar{\Phi}}{\partial z}\frac{\partial \bar{\Phi}}{\partial n} - \frac{1}{2}(\boldsymbol{\nabla}\bar{\Phi})^2 n_z\right]\mathrm{d}\bar{S}$$
$$- \int_{\bar{S}_{\mathrm{w}}(t)}\frac{\bar{z}}{Fr^2}n_z\mathrm{d}\bar{S} - \int_{\bar{c}(t)}\mathrm{d}\bar{l}\times(\bar{\Phi}\boldsymbol{\nabla}\bar{\Phi})\cdot\boldsymbol{k}$$
$$= -\frac{\mathrm{d}\bar{M}_{zz}}{\mathrm{d}t} + \int_{\bar{S}_{\mathrm{w}}(t)}\left[\frac{\partial \bar{\Phi}}{\partial z} - \frac{1}{2}(\boldsymbol{\nabla}\bar{\Phi})^2\right]n_z\mathrm{d}\bar{S} - \int_{\bar{S}_{\mathrm{w}}(t)}\frac{\bar{z}}{Fr^2}n_z\mathrm{d}\bar{S} + 2\pi\bar{r}_c(t)\bar{\Phi}\frac{\partial \bar{\Phi}}{\partial r} \tag{4.2.7}$$

式中，$\bar{c}(t)$ 是物体水线面，$\bar{r}_c(t)$ 而为水线面的半径。在物体穿透水面之前，公式 (4.2.7) 中的最后一项为 0，第三项为物体的静浮力。

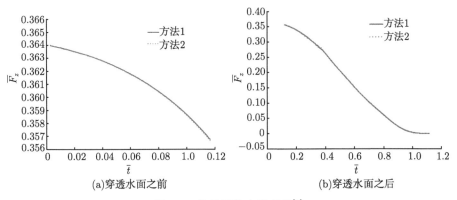

(a)穿透水面之前　　　　　　　　　　　　　　　　(b)穿透水面之后

图 4.9　物体流体力的变化[1]

图 4.9 展示了应用直接积分法 (图中方法 1) 和附加质量法 (图中方法 2) 计算得到的物体穿透水面前后流体力的变化。从图 4.9 中可见，两种方法计算获得的压力在各个阶段都吻合良好。从图 4.9 中还可见流体力在物体穿透前后是连续的。随着物体的不断上升，流体力逐渐减小到最后为 0。

整个流场内的机械能 $\bar{E}(\bar{t})$ 为

$$
\begin{aligned}
\bar{E}(\bar{t}) &= \int_{\bar{V}(\bar{t})} \left(\frac{1}{2} \boldsymbol{\nabla}\bar{\Phi}\boldsymbol{\nabla}\bar{\Phi} + \frac{\bar{z}}{Fr^2} \right) \mathrm{d}\bar{V} \\
&= \frac{1}{2} \int_{\bar{S}(t)} \left(\bar{\Phi}\frac{\partial \bar{\Phi}}{\partial n} + \frac{\bar{z}^2}{Fr^2} n_z \right) \mathrm{d}\bar{S} \\
&= \frac{1}{2} \int_{\bar{S}_{\mathrm{W}}+\bar{S}_{\mathrm{F}}} \bar{\Phi}\frac{\partial \bar{\Phi}}{\partial n}\mathrm{d}S + \frac{1}{2} \int_{\bar{S}_{\mathrm{W}}+\bar{S}_{\mathrm{F}}+\bar{S}_{\mathrm{C}}} \frac{\bar{z}^2}{Fr^2} n_z\mathrm{d}\bar{S} \\
&= \bar{E}_{\mathrm{k}}(\bar{t}) + \bar{E}_{\mathrm{P}}(\bar{t})
\end{aligned}
\tag{4.2.8}
$$

式中，$\bar{E}_{\mathrm{k}} = \dfrac{1}{2}\displaystyle\int_{\bar{S}_{\mathrm{W}}+\bar{S}_{\mathrm{F}}} \bar{\Phi}\frac{\partial \bar{\Phi}}{\partial n}\mathrm{d}\bar{S} = \dfrac{1}{2}\displaystyle\int_{\bar{S}_{\mathrm{W}}} \bar{\Phi}n_z\mathrm{d}\bar{S} + \dfrac{1}{2}\displaystyle\int_{\bar{S}_{\mathrm{F}}} \bar{\Phi}\frac{\partial \bar{\Phi}}{\partial n}\mathrm{d}\bar{S} = \dfrac{1}{2}\bar{M}_{zz} + \dfrac{1}{2}\displaystyle\int_{\bar{S}_{\mathrm{F}}} \bar{\Phi}\frac{\partial \bar{\Phi}}{\partial n}\mathrm{d}\bar{S}$

是流场的动能，$\bar{E}_{\mathrm{p}} = \dfrac{1}{2}\displaystyle\int_{\bar{S}_{\mathrm{W}}+\bar{S}_{\mathrm{F}}+\bar{S}_{\mathrm{C}}} \frac{\bar{z}^2}{Fr^2} n_z\mathrm{d}\bar{S}$ 是流场的重力势能。图 4.10 给出了流场中动能 $\bar{E}_{\mathrm{k}}$ 和势能 $\bar{E}_{\mathrm{p}}$ 的变化曲线。由于物体突然启动，所以流场最初的动能并不是 0，且动能 $\bar{E}_{\mathrm{k}}$ 随物体运动而波动。但势能 $\bar{E}_{\mathrm{p}}$ 随物体运动不断减小。垂直虚线对应自由面破裂时刻，可见势能和动能在自由面破裂时刻均是连续的。

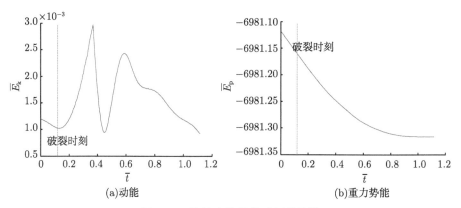

图 4.10 流场内能量的时历曲线[5]

为了进一步验证本书的数值模型的精确性，这里校核运动过程中能量守恒情况。根据公式 (4.2.8)，由迁移定理给出：

$$
\begin{aligned}
\frac{\mathrm{d}\bar{E}}{\mathrm{d}\bar{t}} &= \int_{\bar{V}(\bar{t})} \frac{\partial}{\partial\bar{t}}\left(\frac{1}{2}\boldsymbol{\nabla}\bar{\Phi}\boldsymbol{\nabla}\bar{\Phi}+\frac{\bar{z}}{Fr^2}\right)\mathrm{d}\bar{V} + \int_{\bar{S}(\bar{t})}\left(\frac{1}{2}\boldsymbol{\nabla}\bar{\Phi}\boldsymbol{\nabla}\bar{\Phi}+\frac{\bar{z}}{Fr^2}\right)\frac{\partial\bar{\Phi}}{\partial n}\mathrm{d}\bar{S} \\
&= \int_{\bar{V}(\bar{t})}\frac{\partial}{\partial\bar{t}}\left(\frac{1}{2}\boldsymbol{\nabla}\bar{\Phi}\boldsymbol{\nabla}\bar{\Phi}\right)\mathrm{d}\bar{V} + \int_{\bar{S}(\bar{t})}\left(\bar{P}_\infty-\bar{P}-\frac{\partial\bar{\Phi}}{\partial\bar{t}}\right)\frac{\partial\bar{\Phi}}{\partial n}\mathrm{d}\bar{S} \\
&= \int_{\bar{V}(\bar{t})}\frac{\partial}{\partial\bar{t}}(\boldsymbol{\nabla}\bar{\Phi})\boldsymbol{\nabla}\bar{\Phi}\mathrm{d}\bar{V} + \int_{\bar{S}(\bar{t})}(\bar{P}_\infty-\bar{P})\frac{\partial\bar{\Phi}}{\partial n}\mathrm{d}\bar{S} - \int_{\bar{V}(\bar{t})}\boldsymbol{\nabla}\left(\frac{\partial\bar{\Phi}}{\partial\bar{t}}\boldsymbol{\nabla}\bar{\Phi}\right)\mathrm{d}\bar{V} \\
&= \int_{\bar{S}(\bar{t})}(\bar{P}_\infty-\bar{P})\frac{\partial\bar{\Phi}}{\partial n}\mathrm{d}\bar{S} \\
&= \int_{\bar{S}_{\mathrm{W}}+\bar{S}_{\mathrm{F}}+\bar{S}_{\mathrm{C}}}(\bar{P}_\infty-\bar{P})\frac{\partial\bar{\Phi}}{\partial n}\mathrm{d}\bar{S} \\
&= \int_{\bar{S}_{\mathrm{W}}}(\bar{P}_\infty-\bar{P})n_z\mathrm{d}\bar{S} + \int_{\bar{S}_{\mathrm{F}}}\frac{\bar{\kappa}}{We}\frac{\partial\bar{\Phi}}{\partial n}\mathrm{d}\bar{S} \\
&= -\bar{F}_z + \int_{\bar{S}_{\mathrm{F}}}\frac{\bar{\kappa}}{We}\frac{\partial\bar{\Phi}}{\partial n}\mathrm{d}\bar{S} \tag{4.2.9}
\end{aligned}
$$

式中，$\bar{F}_z$ 为物体上的流体力，当物体完全脱离水后，$\bar{F}_z=0$。

联立方程 (4.2.8) 与式 (4.2.9)，有

$$
\Delta\bar{E} = \bar{E}_{\mathrm{k}}(\bar{t})-\bar{E}_{\mathrm{k}}(0)+\bar{E}_{\mathrm{p}}(\bar{t})-\bar{E}_{\mathrm{p}}(0) = \int_0^{\bar{t}}\frac{\mathrm{d}\bar{E}}{\mathrm{d}\bar{t}}\mathrm{d}\bar{t} = \bar{W}_F \tag{4.2.10}
$$

式中，$\Delta\bar{E}$ 为流场能量变化值，$\bar{W}_F = \int_0^{\bar{t}}\frac{\mathrm{d}\bar{E}}{\mathrm{d}\bar{t}}\mathrm{d}\bar{t} = \int_0^{\bar{t}}\int_{\bar{S}_{\mathrm{W}}+\bar{S}_{\mathrm{F}}+\bar{S}_{\mathrm{C}}}(\bar{P}_\infty-\bar{P})\frac{\partial\bar{\Phi}}{\partial n}\mathrm{d}\bar{S}\mathrm{d}\bar{t}$ 为合外力所做的功。

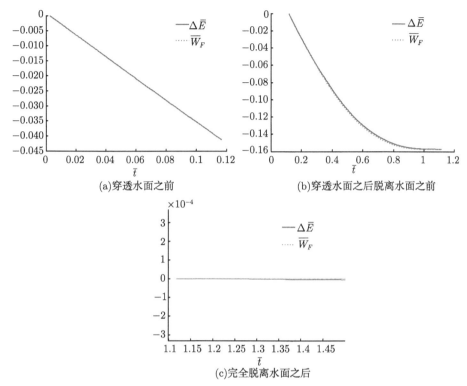

图 4.11　出水过程中总能量变化和外力做功 [1]

图 4.11 提供了流场能量变化 $\Delta \bar{E}$ 和外力做功 $\bar{W}_F$ 在不同阶段的时历曲线。从图中可见能量变化和外力做功在各阶段均吻合良好，再次验证了本数值模型的有效性。从图 4.11(a) 和 (b) 可见，当物体脱离水面之前，总机械能随着物体的上升在不断递减。需要注意到对于流域而言，其遭受的来自物体的压力是指向流体的，而本书中流体的单位法向量的方向是指向流域外的，因此外界力做功是负值。尤其从公式 (4.2.9) 最后的等号的第一项可见，外界力做功与物体遭受的流体力是反向的。由于表面张力很小，所以式 (4.2.9) 最后的等号的第二项的贡献很小。当物体穿透水面之前，流体力中主导的是物体的浮力，其为定值，所以外力做功即能量变化呈现图 4.11(a) 所示的线性趋势。当物体穿透水面之后，物体浮力逐渐减小，且流体力中水动力项的贡献逐渐增大，所以外力做功即能量变化呈现图 4.11(b) 所示的非线性趋势。一旦物体完全脱离水面，$\bar{F}_z = 0$，同时表明张力很小，所以外力做功即能量变化基本保持不变，如图 4.11(c) 所示。

2. 细长体高速出水: $b/a=4$ 和 $Fr=1$

接下来将考虑长细比 $b/a=4$ 的椭球体在高速 $Fr=1$ 情况下的出水工况。如前所述, 本小节的物体出水速度较高, 将在物体表面的形成较长的射流, 故将需要采用 4.1.2 小节所述的射流截断技术。为了确保射流截断的阈值长度 $\bar{l}_c$ 不会影响计算的结果, 本小节首先对 $\bar{l}_c$ 的选取进行敏感性分析。这里分别选取 $\bar{l}_c$ 为短半轴的 0.5 倍和 0.3 倍, 分别进行数值计算。图 4.12 和图 4.13 分别为在不同截断长度 $\bar{l}_c = 0.5a$ 和 $\bar{l}_c = 0.3a$ 下物体底点压力和流体力的计算值, 从图中可见不同截断长度下数值计算结果吻合度良好。一方面说明 4.1.2 小节中的射流截断方法是有效的, 另一方面说明 $\bar{l}_c = 0.5a$ 的计算结果是可信的, 本书以下无特殊说明, 即选取 $\bar{l}_c = 0.5a$。

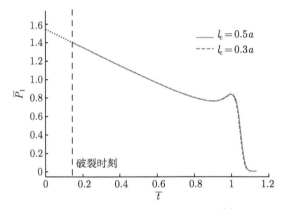

图 4.12   不同截断长度下物体底点压力时历曲线[1] (b/a=4, Fr=1)

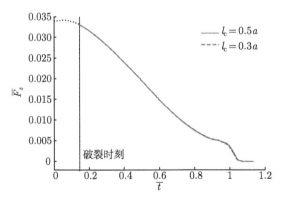

图 4.13   不同截断长度下流体力时历曲线[1] (b/a=4, Fr=1)

与图 4.4(a) 所对比, 图 4.12 表明高速物体的底端压力与低速物体底端压力在前期的变化趋势是一致的: 由于自由液面的动态效应在前期较弱, 物体底部压力基本随着物体的上升而线性降低。但是随着物体的继续上升, 高速物体的压力趋势与低速物体间的差异逐渐增大, 特别是当流体即将完全脱离物体之前, 高速物体的压力在自由液面动态效应的影响下会产生一个明显的峰值。当物体完全脱离水面后, 物体表面压力则迅速降低到大气压力。因为流体力对应的特征量与物体速度的平方成正比，图 4.13 的无量纲流体力反而较图 4.5 更小。当物体未穿透水面之前，流体力在初始阶段会有轻微的上升阶段。当物体穿透水面之后，物体的湿表面积逐渐减小所以流体力也在不断降低。当流体完全脱离物体之前，流体力也会存在一个小的峰值，与图 4.12 中的峰值是相对应的。

图 4.14 和图 4.15 给出了不同截断长度下物体底端流体粒子的垂向位移和垂向速度的时历曲线，时间截止到流体脱离物体后自由面首次峰值的时刻，而图 4.16 则给出了首次峰值出现时刻自由液面的形状图形。图中实线代表 $\bar{l}_c = 0.5a$ 虚线代表 $\bar{l}_c = 0.3a$ 的情况，再次可见这两种截断长度下，数值结果的吻合度良好。再次表明，当射流足够薄且足够长的情况下，截断的射流对于流体的整体运动几乎是没有影响的。图 4.14 表明，当流体脱离物体之后，在惯性的作用下，流体将继续向上运动。图 4.15 则表明，继续向上运动的流体粒子的速度在逐渐降低。特别地，从图 4.15 的曲线斜率可见，流体的加速度刚好在 $-1/Fr^2$ 左右，即在有量纲的系统中的 $-g$。从图 4.15 的局部放大图可见，流体粒子的速度在物体脱离自由面之后迅速降低，这是因流场的局部边界条件从物面条件突然转换到自由面条件而导致的。

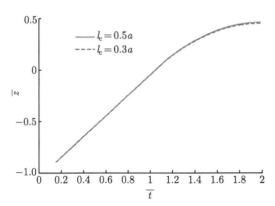

图 4.14　不同截断长度下底点处流体粒子垂向位移时历曲线[1] (b/a=4，Fr=1)

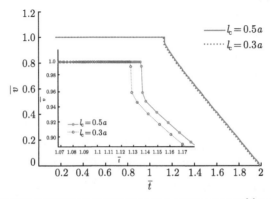

图 4.15　不同截断长度下底点处流体粒子垂向速度时历曲线[1] (b/a=4，Fr=1)

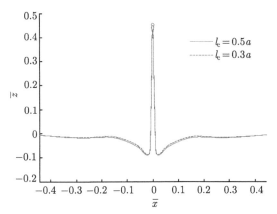

图 4.16　不同截断长度下流体脱离物体后首次峰值的自由面形状[1] ($b/a=4$，$Fr=1$)

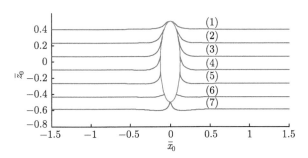

图 4.17　在牵连坐标系自由液面的形状变化图[1] ($b/a=4$，$Fr=1$)

其中 (1): $\bar{t}=0.1486$, (2): $\bar{t}=0.3153$, (3): $\bar{t}=0.4820$, (4): $\bar{t}=0.6487$, (5): $\bar{t}=0.8154$, (6): $\bar{t}=0.9821$,

(7): $\bar{t}=1.1360$

　　图 4.17 给出了牵连坐标系 $O\text{-}\bar{x}_0\bar{y}_0\bar{z}_0$ 下 $\bar{y}_0=0$ 平面内物体和自由面的演化过程，其中牵连坐标系的坐标原点固定在物体的型心处。与图 4.7 不同，当物体高速运动时，自由面的射流顶点一直高于初始未扰动的水面，没有出现图 4.7 中低速物体下自由面在物体周围上下震荡的现象。注意到傅汝德数越高实际上表明重力越小，而越小的重力则代表越低的水静力刚度或回复力。在较低的回复力的情况下，则越难形成自由液面的震荡。

　　图 4.18 给出了自由面脱离物体之后，在大地坐标系 $O\text{-}\bar{x}\bar{y}\bar{z}$ 下 $\bar{y}=0$ 平面内自由面的演化过程，图中箭头表示自由面演化的顺序。从中可见，自由面中心在惯性作用下会继续上升达到首次峰值，同时中心四周的水体却向下运动形成一个更低的射流根部，具有更大的局部曲率，表面此处的压力梯度更大。这样形成的自由液面射流较之图 4.7 中的更长更细。从局部放大图中可见，该射流具有一个球状的顶端，在某些情况下，球状的顶端很容易在颈缩部位撕裂为小水滴。如前所述，图 4.7

中自由面会不断震荡且幅值越来越小，随着波浪的传播，最终震荡停止。但是在图 4.18 中，当射流在下降的过程中，周围的水会继续向自由面中心汇聚，在射流的根部形成一个凹陷，当自由面融合后，将形成一个独立的空穴。空穴问题暂时不在本书的讨论范围之内，所以数值计算在此时停止。

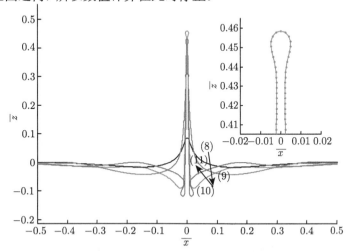

图 4.18　在大地坐标系局部自由液面的形状变化图[1] ($b/a=4$，$Fr=1$)

其中 (8): $\bar{t}=1.1361$, (9): $\bar{t}=1.4501$, (10): $\bar{t}=1.9888$, (11): $\bar{t}=2.1644$

3. 肥胖体低速出水: $b/a=2$ 和 $Fr=0.3$

接下来考虑长细比 $b/a=2$ 的较肥胖椭球体在低速 $Fr=0.3$ 情况下的出水工况。

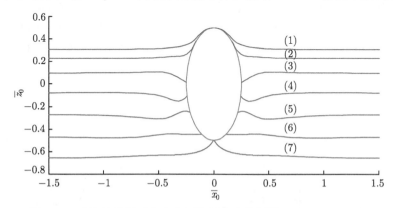

图 4.19　在牵连坐标系自由液面的形状变化图[1] ($b/a=2$，$Fr=0.3$)

其中 (1): $\bar{t}=0.2389$, (2): $\bar{t}=0.3197$, (3): $\bar{t}=0.4508$, (4): $\bar{t}=0.6269$, (5): $\bar{t}=0.8209$, (6): $\bar{t}=1.0149$,

(7): $\bar{t}=1.2057$

图 4.19 给出了牵连坐标系 $O\text{-}\bar{x}_0\bar{y}_0\bar{z}_0$ 下 $\bar{y}_0=0$ 平面内物体和自由面的演化过程。从中可见，与长细比 $b/a=4$ 的细长椭球体在低速 $Fr=0.3$ 情况下类似，自由液面在相对较大的重力效应或回复力的作用下，会在物体周围不断震荡。与细长椭球体对比，自由液面破裂的时间推迟了，自由面被物体顶起的高度上升了。当自由面破裂之后，贴服于物体上的水层更高，射流顶点到射流根部的长度更长。总体而言，肥胖体对自由面的扰动较之细长体更剧烈。

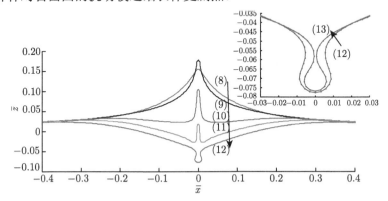

图 4.20　在大地坐标系局部自由液面的形状变化图[1] ($b/a=2$，$Fr=0.3$)

其中 (8): $\bar{t}$=1.2057, (9): $\bar{t}$=1.2691, (10): $\bar{t}$=1.3731, (11): $\bar{t}$=1.4250, (12): $\bar{t}$=1.4770, (13): $\bar{t}$=1.4814

图 4.20 给出了物体完全脱离自由面后，大地坐标系下自由面的演化过程。其中曲线 (8) 实际上就是图 4.19 中曲线 (7) 的下一时刻。从图中可见，当物体完全脱离自由面之后，自由面中心很快就达到了首次峰值 (曲线 (9))。此后自由面中心开始降落，而四周的水开始向中心汇聚，形成了一个更低且曲率更大的射流根部。从局部放大图可见，当中心首次达到最低点 (曲线 (12)) 时，附近的流体继续向自由面中心运动，形成了一个颈缩现象。此后自由面的最低点开始向上移动 (曲线 (13))，同时颈缩附近的流体继续向内运动并相遇，而形成一个空穴，数值计算在此终止。

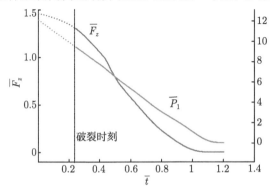

图 4.21　物体底端压力和流体力时历曲线[1] ($b/a=2$，$Fr=0.3$)

图 4.21 提供了物体底端压力和物体上流体力的时历曲线, 其中虚线和实线分别对应自由面破裂前后的阶段。图 4.21 的压力曲线与细长椭球体 $b/a=4$ 的压力曲线 (图 4.4(a)) 具有相同的趋势。如图 4.19 所示, 肥胖椭球体对于自由面的扰动更加剧烈, 所以水动力效应应该更加明显。然而考虑到物体速度较低傅汝德数较小, 无量纲之后物体压力与 Fr^2 成反比, 底端的压力中静水压力占主导地位, 所以图 4.21 与图 4.4(a) 具有类似的趋势。椭球体的体积是 $4\pi ba^2/3$, 在自由面破裂之前, 无量纲的物体浮力是 $\dfrac{\pi}{6}\dfrac{1}{Fr^2}\left(\dfrac{a}{b}\right)^2$。因此越肥胖的物体 ($b/a$ 越小或 a/b 越大) 的流体力越大。

图 4.22 给出了初始位于物体底端的流体粒子的垂向位移 (实线) 和速度曲线 (虚线)。从图中可见, 物体完全脱离自由面之后, 自由面中心点向上的速度短时间内大幅降低后以 $-1/Fr^2$ 的加速度即 $-g$ 的加速度在较长的时间内减速。从图 4.20 的曲线 (9) 开始, 中心点的速度开始变为转变为负值, 并逐渐减速到最低值 $\bar{v} \approx -1.934$。从 $\bar{t} \approx 1.458$ 起自由面中心点开始迅速加速, 并在图 4.20 中的曲线 (12) 时再次达到 0 速度。

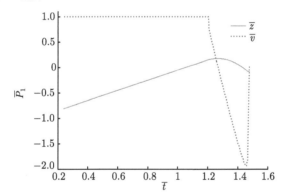

图 4.22 物体底端流体粒子位移和速度曲线[1] ($b/a=2$, $Fr=0.3$)

4. 肥胖体高速出水 $b/a=2$ 和 $Fr=1$

最终考虑长细比 $b/a=2$ 的较肥胖椭球体在高速 $Fr=1$ 情况下的出水工况。

图 4.23 和图 4.24 分别提供牵连坐标系和大地坐标系下自由液面的演化过程。从图中可见, 自由面破裂时间较之前的各种工况更晚, 所以自由面破裂时, 自由面顶起的高度最高, 破裂后贴服物面的射流最长, 如图 4.23 曲线 (1) 所示。在物体完全脱离自由面之后, 自由面中心在惯性作用下, 将达到首次峰值, 且此峰值较之前的各种工况更高, 如图 4.24 曲线 (7) 所示。此后, 自由面附近的水继续向中心汇聚, 并相遇形成空穴, 如图 4.24 曲线 (8) 所示, 数值计算在此终止。

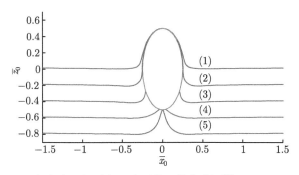

图 4.23　在牵连坐标系自由液面的形状变化图[1]（$b/a=2$，$Fr=1$）

其中 (1)：$\bar{t}=0.5349$，(2)：$\bar{t}=0.7347$，(3)：$\bar{t}=0.9339$，(4)：$\bar{t}=1.1330$，(5)：$\bar{t}=1.3319$

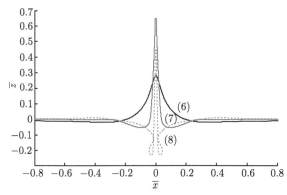

图 4.24　在大地坐标系局部自由液面的形状变化图[1]（$b/a=2$，$Fr=1$）

其中 (6)：$\bar{t}=1.3319$，(7)：$\bar{t}=2.172$，(8)：$\bar{t}=2.7933$

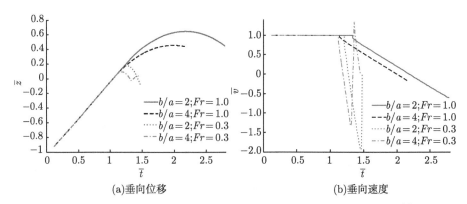

(a)垂向位移　　　　　　　　　　　(b)垂向速度

图 4.25　不同工况下物体底端流体粒子的位移和垂向速度时历曲线[1]

图 4.25 中提供了之前上述各种工况下物体底端流体粒子的垂向位移和速度的

时历曲线。从图 4.25(a) 中可见，随着 b/a 的降低或 Fr 的增加，物体脱离自由面后，自由面将在更晚的时刻达到更大的峰值。从图 4.25(b) 中可见，所有工况中的自由面中心点都将在物体完全脱离自由面后的短暂时刻内具有一个很大的减速度，此后将在很长的时间段内以 $-1/Fr^2(-g)$ 的加速度继续减速。对于较细长的物体或者速度较低的物体，自由面将在较大的回复力的作用下保持多次震荡，并将物体的扰动向远方传播。而对于较肥胖的物体或者速度较高的物体，四周的流体会向自由面中心聚集并形成空穴现象。

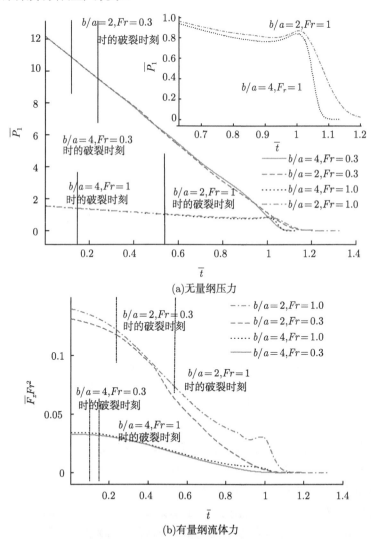

图 4.26 不同工况下物体底端的压力和流体力的时历曲线[1]

图 4.26 给出了以上不同工况中，物体底端的无量纲压力和有量纲流体力的对比曲线。因为无量纲静水压与 Fr^2 的平方成反比，所以很明显傅汝德数 Fr 越低，图 4.26(a) 中无量纲压力越大。从 $b/a=2$，$Fr=1$ 和 $b/a=4$，$Fr=1$ 的局部放大图可见，较肥胖的椭球体具有较大的水动压力峰值，因为较肥胖物体对于自由面的扰动更剧烈，则水动效应更强烈。对于有量纲的流体力而言，除了高速的肥胖物体在物体完全脱离水面之前会有一个水动峰值外，其他工况的流体力都将逐渐降低并在物体脱离水面后达到 0。

4.2.4　物理参数影响

这里我们将结合数值模拟和物理实验进一步考虑不同物理量对于物体出水的影响规律。我们主要关注以下 4 个物理量：傅汝德数 Fr，韦伯数 We，浸没参数 λ 和长短轴之比 b/a。网格分布和时间步长与 8.2.3 小节选取一致。

首先考虑傅汝德数 Fr 的变化，物理实验中，分别选取出水速度为 0.2m/s，0.5m/s 和 0.7m/s，对应的傅汝德数见表 4.1。在数值模拟中，将 Fr 从 0.1 变化到 0.2 和 0.3，其他参数选为 $We = 1.24 \times 10^6$，$\lambda = 0.55$ 和 $b/a = 4$。

表 4.1　椭球实验中不同傅汝德数 (Fr) 下的水冢高度和撕裂时刻 $(H_s、T_s)$

Run No.	$V/(\mathrm{m/s})$	Fr	T_{s1}/ms	T_{s2}/ms	H_{s1}/mm	H_{s2}/mm
17	0.2	0.08	274.0	272.4	4.7	4.5
18	0.5	0.21	145.5	143.3	22.2	21.7
19	0.7	0.29	114.0	113.1	29.6	29.2

如图 4.6(d) 所示，自由面被顶起形成的水冢的最大高度 H_s 和自由面被破裂的时刻 T_s 都是比较重要的物理量，表 4.1 给出了这两种数据在不同工况下的实验数据 $(H_{s1}、T_{s1})$ 和数值结果 $(H_{s2}、T_{s2})$。从表中可以看出，在每组工况中实验测量得到的数据和数值模拟的计算结果基本上是一致的。同时，实验速度或者傅汝德数的增大，水冢的高度 H_s 随之增加，相应的撕裂时刻 T_s 则提前。换言之，越高速的物体越早穿出水面，对应的水冢高度越高，这与一般的认识是符合的。

图 4.27 给出了不同傅汝德数下水柱脱离物体表面之前的形状，其中箭头指示 Fr 减小的方向。从图中可见 Fr 越大，即物体运动速度越大，流体脱离物体时刻水柱高度越高。产生这一现象的主要原因是速度较大条件下，流体的惯性效应更加明显，流体脱离物体的时刻越晚，形成的水柱越高。

图 4.28 和图 4.29 分别给出了不同傅汝德数下流体力和总能量变化的时历曲线。从图 4.28 可见流体力随傅汝德数增加而迅速减小，从图 4.29 可见，总能量的绝对值也均随着傅汝德数的增加而迅速递减。此外，经计算，二者的变化

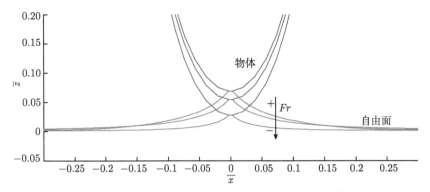

图 4.27 正不同傅汝德数下水柱脱离之前的形状[5]

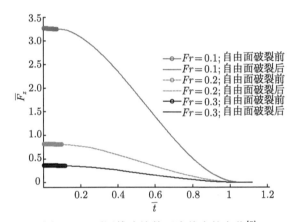

图 4.28 不同傅汝德数下流体力的变化[5]

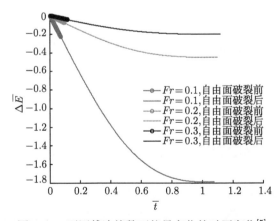

图 4.29 不同傅汝德数下能量变化的时历变化[5]

基本与 Fr^2 成反比。这是因为在 $\bar{F}_z$ 和 $|\Delta\bar{E}|$ 中，$-\int_{\bar{S}_{\mathrm{B}}(\bar{t})} \dfrac{\bar{z}}{Fr^2} n_z \mathrm{d}\bar{S}$ 与 $\Delta\bar{E}_{\mathrm{p}} =$

$$\Delta \left(\frac{1}{2} \int_{\bar{S}_{\mathrm{B}}(\bar{t}) + \bar{S}_{\mathrm{F}}(\bar{t}) + \bar{S}_{\mathrm{C}}(\bar{t})} \frac{\bar{Z}}{Fr^2} n_z \mathrm{d}\bar{S} \right) \text{ 分别占主导地位, 而这两项又都与 } Fr^2 \text{ 成反}$$

比。

其次, 考虑韦伯数 We 的影响, 将 1.24×10^6 依次变化到 1.24×10^4, 1.24×10^2 和 1.24, 其他参数选为 $Fr = 0.3$, $\lambda = 0.55$ 和 $b/a = 4$。

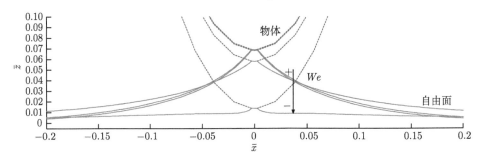

图 4.30   不同韦伯数下水柱脱离之前的形状[5]

图 4.30 提供了不同韦伯数下水柱脱离物体之前的形状, 其中箭头指示韦伯数减小的方向。从图中可见, We 越小, 水柱脱离物体时自由面越平坦, 表明物体对自由面的扰动越小。产生这一现象的原因是随着 We 减小, 表面张力的作用越来越强, 则抑制自由面变形或保持自由面维持最初的平面的能力越强。

再次, 考虑浸没参数 λ 的影响, 将 λ 从 0.55 依次变化到 0.60 和 0.65, 其他参数选为 $Fr = 0.3$, $We = 1.24 \times 10^6$ 和 $b/a = 4$。

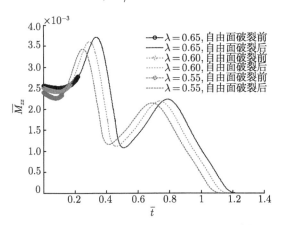

图 4.31   不同浸没参数下附加质量的变化[5]

图 4.31 给出了不同浸没参数下附加质量的变化, 其中带点的曲线对应自由面破裂前的阶段。从图中可见, λ 越大, 附加质量波动的振幅越大。产生这一现象的原因是物体初始深度越大, 周围的流体受物体向上运动过程的扰动越大, 对应的附

加质量、动能等的变化均会变大。

最后，考虑长短轴之比 b/a 的影响，将 b/a 从 4 依次变化到 5 和 6，其他参数选为 $Fr=0.3$，$We = 1.24 \times 10^6$ 和 $\lambda = 0.55$。

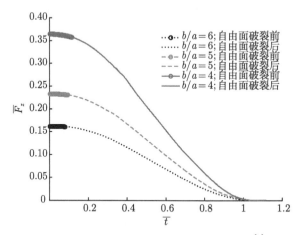

图 4.32　不同长短轴之比下流体力的变化[5]

图 4.32 提供了不同长短轴比 b/a 作用下流体力的变化，其中带点的曲线对应自由面破裂前的阶段。从图中可见，b/a 越大，即物体越 "瘦"，流体力越小。如上所述，$\bar{F}_z$ 中占主导地位是静水力 $-\int_{\bar{S}_B(\bar{t})} \dfrac{\bar{z}}{Fr^2} n_z \mathrm{d}\bar{S}$ 项，而此项中 $\mathrm{d}\bar{S}$ 与 $\bar{a}^2$ 成正比，故经过分析，可发现 $\bar{F}_z$ 也基本与 $\bar{a}^2$ 成正比，所以 $\bar{a}$ 越小，或物体越 "瘦"，流体力越小。

4.3　全浸没圆球体强迫出水

本节将进一步考虑全浸没圆球体强迫出水问题。

4.3.1　数值与实验对比

在圆球全浸没定速出水实验中，圆球的上顶点距离水面的高度 $h = 195\mathrm{mm}$。在本节出水实验中，所选用的出水速度 $W = 0.5\mathrm{m}/\mathrm{s}$，相应的傅汝德数 $Fr = W/\sqrt{gL} \approx 0.41$。在此工况下，圆球模型在初始时刻全浸没于水中，随后在实验装置的驱动下以恒定的速度向上运动最后脱离水面。在相应的数值模拟的参数选择中，傅汝德数选用和实验中相同的值，其余为 $We = 2.2 \times 10^6$，$\lambda = h/H = 1.3$。本次实验所选用的摄像机采样时间间隔为 $\Delta t_p = 0.66\mathrm{ms}$。本次实验数据和相应的数值模拟对比如图 4.33 所示，实验数据中的杆状物即为本次实验采用的 "L" 型连接杆。数值模拟为相近时间的自由面和湿表面变化状态。

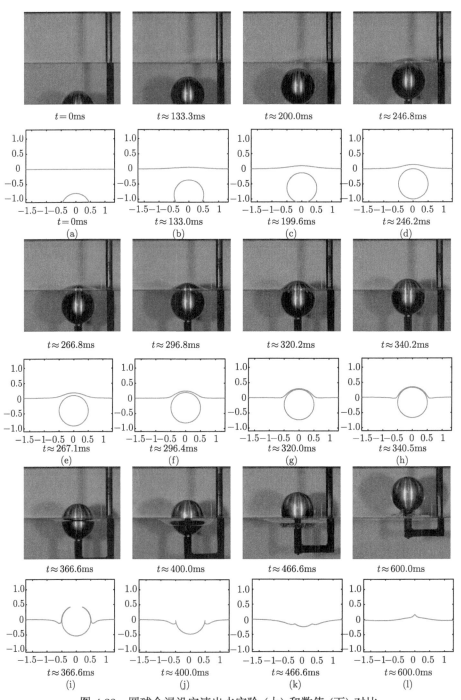

图 4.33　圆球全浸没定速出水实验 (上) 和数值 (下) 对比

从图 4.33 可以看出圆球全浸没出水过程中，自由面随时间的变化在实验图像和模拟结果中基本是一致的，这也再次验证了所采用数值模拟方法的有效性。图 4.33(a) 为实验处于初始时刻 t=0ms，在这一时刻的实验图像中，由于如第 3 章所述摄像机画幅的限制，我们只能观测到模型的上半部；随后实验开始，实验装置驱动圆球向上移动，随着圆球不断接近自由液面，自由面向上隆起，这就是 Liju 等[6] 所研究的"水冢效应"，如图 4.33(b)~(d) 中所示；在图 4.33(d) 所显示的 $t \approx 246.8$ms 时刻是圆球上顶点和静水面平齐的时刻；在图 4.33(f)~(g) 中，随着圆球继续逼近自由液面，物面和自由面之间的水层变得越来越薄，一直到水面破裂。

从物理学的观点来看，自由液面的破裂是由于水层薄膜不断地被挤压排水，这是一个渐进的过程。在本文的数值分析中，我们需要确定水层破裂的时刻。如 4.1.1 小节中所述的水膜破裂方法，在圆球全浸没定速出水中，我们设定破裂临界值 $\Delta \overline{L}_1$ 为圆球模型直径的 1%，即 $\Delta \overline{L}_1 = D \times 1\%$。自由面和圆球上顶点之间的距离小于 $\Delta \overline{L}_1$ 的时刻即为水膜撕裂时刻 T_s。在这一时刻，自由液面所隆起的高度即为水冢高度 H_s。在实验数据中，撕裂时刻为图 4.33(h) 中所示的 $t \approx 340.2$ms，在这一时刻所测量的水冢高度为 $H_s \approx 46.5$mm。

当自由液面破裂之后，物体附近的水面沿着圆球外表面快速下滑，如图 4.33(i) 中所示；当物体继续向上移动，圆球的最大截面脱离水面后，自由面在物体附近形成一个下凹面，如图 4.33(j) 所示；在 $t \approx 466.6$ms 时刻的图 4.33(k) 中我们观察到一个有趣的物理现象，当自由面下凹达到最深值后，凹面内的自由液面突然向下砰击破裂，并有水花向上飞溅而出；图 4.33(l) 显示，随着物体继续向上移动，圆球完全脱离水面。但是正如之前所预期的那样，模型连接杆的存在严重干扰了自由液面的形状，因此该时刻以及之后的实验数据不予讨论。

4.3.2　物理参数影响

本小节主要通过物理实验和数值模拟考虑傅汝德数 Fr 的影响。如表 4.2 所示，本节中研究了 5 个工况下傅汝德数对水冢高度和撕裂时刻的影响，实验值和数值解也在表中予以给出。对比这 5 组数据，可以看出实验和数值的结果基本是一致的，这也进一步验证了数值程序的有效性。

表 4.2　不同傅汝德数 (Fr) 下模型实验中的水冢高度 (H_{s1})、撕裂时刻 (T_{s1}) 和数值模拟中的水冢高度 (H_{s2})、撕裂时刻 (T_{s2})

工况	V/(m/s)	Fr	T_{s1}/ms	T_{s2}/ms	H_{s1}/mm	H_{s2}/mm
12	0.2	0.16	700.3	697.8	19.5	18.9
13	0.5	0.41	340.2	338.2	46.4	47.6
14	0.7	0.58	264.7	262.5	64.5	62.5
15	1.0	0.82	203.6	202.9	82.7	80.9
16	1.5	1.24	146.1	143.3	96.3	93.5

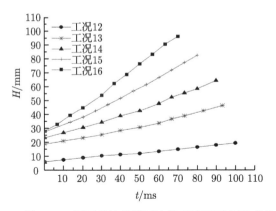

图 4.34　不同傅汝德数下水冢高度随时间的变化

在这一系列出水实验中, 自由面的变化规律和图 4.33 类似, 但是水冢高度是不同的。图 4.34 给出了在模型实验中, 不同傅汝德数下, 水冢高度 H_{s1} 的随着时间的变化曲线。图中的 0 点时刻对应的是圆球的上顶点到达静水面的时刻, 如在实验工况 13 中图 4.33(d) 所示的 $t \approx 246.8\text{ms}$。可以看出, 在这个 0 点时刻, 傅汝德数越大, 对应的自由面已经隆起的高度越高。当然, 随着傅汝德数的增加, 0 时刻的水中高度相差越小。在工况 15 和工况 16 中, 0 点时刻的水冢高度彼此相当接近。这主要是由于流体在高速下的惯性效应所引起的。0 时刻后, 随着出水速度或者傅汝德数的增加, 自由液面所形成的水冢高度不断增加, 但是相应的液面的撕裂时刻也在提前, 从表 4.2 中也可以得到相同的结论。自由面水柱高度的上升速率几何接近物体的出水速度。当自由面破裂时, 水冢高度 H_{s1} 达到最大值, 而且随着傅汝德数增加或者出水速度的增大, 水冢的高度也越高。

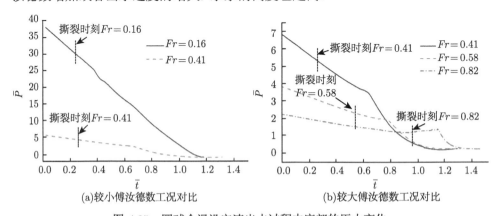

图 4.35　圆球全浸没定速出水过程中底部的压力变化

图 4.35 是不同傅汝德数下 (如表 4.2 工况) 圆球底部顶点的压力随时间的变化

曲线。图 4.35(a) 是当傅汝德数为 $Fr = 0.16$ 和 0.41 时的数据对比,可以看到,较小的傅汝德数下底部的压力值较大,这是因为无量纲化后的压力值和傅汝德数的平方 Fr^2 成反比。图 4.35(b) 是当傅汝德数为 $Fr = 0.41$、0.58 和 0.82 时的数据对比,可以看出在圆球定速出水的结束阶段,压力有个快速降低的过程,这是因为在此阶段物体大部分已经出水,只在下表面和自由面水柱相连接,水柱的快速降落使得压力值迅速减小。在压力迅速降低之前,可以看到出现了一个较为明显的峰值,如图 4.35(b) 中所示,在傅汝德数越高的时候这个峰值越明显。

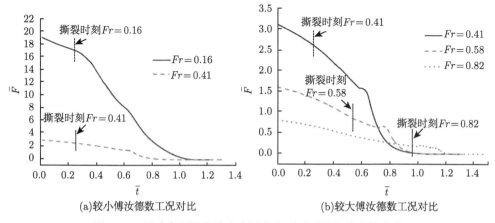

图 4.36   圆球全浸没定速出水过程中所受到的流体力的变化

图 4.36 是上述工况下流体力的变化曲线。总体来看在圆球出水过程中,流体力和压力一样都处于不断减小的状态。与图 4.35(b) 类似,对于高速出水的圆球,在圆球脱离水面之前流体力会有一个小幅的增加。这主要是因为自由液面在圆球的扰动下产生了凹陷状态,当凹陷的自由面聚会的瞬间,会对圆球产生一个较明显的向上的推力。此推力是非线性水动力导致的,速度越高的条件下表现得越明显,如图 4.36(b) 所示。

4.4   半浸没椭球体强迫出水

本节中将联合采用物理实验和数值模拟分析半浸没椭球体强迫出水过程。在实验中,椭球模型用实验装置半浸没于实验水槽中,实验开始后以恒定的速度垂直向上移动最后脱离自由液面。所选用的铝制椭球模型,其长半轴 $b = 300$mm,短半轴 $a = 75$mm,长短径比例 $b/a = 4$。出水速度分别选取为 $W = 0.2$m/s、0.3m/s、0.5m/s、0.7m/s、0.9m/s。

4.4.1　数值与实验对比

实验中初始时刻椭球的下端距离水面的高度 $D = 260\text{mm}$，实验中出水速度 $W = 0.3\text{m/s}$，则傅汝德数 $Fr \approx 0.12$。同理，在相应的数值计算中，傅汝德数选择和实验值相同的值。此外，剩余初始时刻的参数 $We = 2.2 \times 10^6$，$P_0 \approx 1.01325 \times 10^5$。图 5.1 为椭球半浸没定速出水的实验值和数值解对比结果，原则上每组图都选取同一时刻数据。

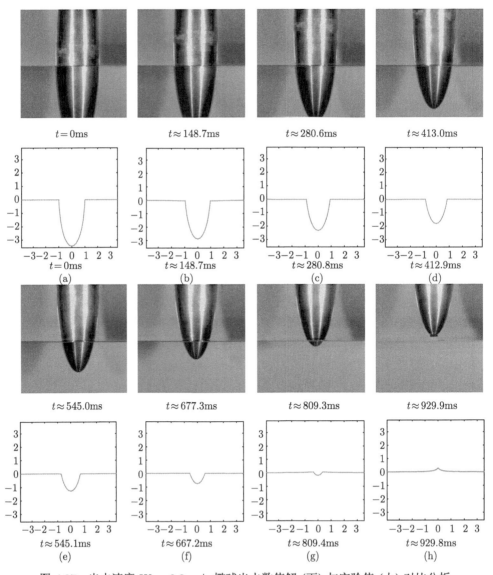

图 4.37　出水速度 $W = 0.3$ m/s 椭球出水数值解 (下) 与实验值 (上) 对比分析

图 4.37 的对比表明，本文采用的数值模拟取得的结果能够很好地和实验数据相吻合，出水过程中自由面的变化在形状和时间上相一致。图 4.37(a) 显示为 $t = 0$ms 时刻模型处于静止状态，为了能够更好地捕捉物体出水的全过程，采用了 3000Hz 的采样频率，由于高速摄影机内存限制，画幅在此频率下较小，不能将模型全景都记录下来，不过自由面附近都有清晰记录图像，并不影响实验效果；由于本次实验采用的椭球体相对来讲比较细长 $(b/a = 4)$，同时实验中模型的出水速度较小 $(W = 0.3$m/s$)$，因此出水过程中物体对自由面的扰动很小，如图 4.37(b)~(g) 所示，自由面几乎静止没有变化。在出水过程的最后阶段，自由面和物面分离之前将会随着物体隆起形成水柱，如 $t \approx 929.9$ms 时刻的图 4.37(h) 所示。数值计算中采用 4.1.3 小节中的物体脱离水面处理方法进行处理，类似地将物理实验中将水柱分离时刻 T_c 设定为当水柱颈部的直径小于 1% 的特征长度的时刻，在此时刻静自由面和圆球下表面顶点之间的距离就为"水柱高度 H_c"。

4.4.2　物理参数影响

本小节主要考虑出水速度即傅汝德数的影响。

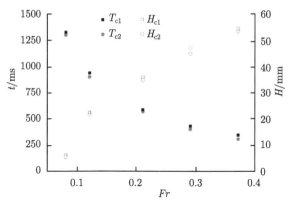

图 4.38　椭球半浸没出水中不同傅汝德数 (Fr) 下水柱高度和分离时刻的实验值 $(H_{c1}$、$T_{c1})$ 和数值解 $(H_{c2}$、$T_{c2})$ 对比

图 4.38 提供上述五组工况中，水柱高度 (H_c) 和分离时刻 (T_c) 随傅汝德数或者出水速度的变化数据。从表中的实验测量得到的数据 $(H_{c1}$、$T_{c1})$ 和数值计算得到的结果 $(H_{c2}$、$T_{c2})$ 相对比的情况看，两者具有很好的吻合性。但是由于本文中数值计算没有考虑黏性，而在实验中黏性的影响不可以忽略，因此实验得到的水柱高度 (H_{c1}) 比数值解 (H_{c2}) 高，而且分离时刻也较晚。从表中的实验数据来看，随着傅汝德数的增加或者出水速度的增大，椭球出水的时间缩短，分离时刻提前，但是水柱的高度不断增高。

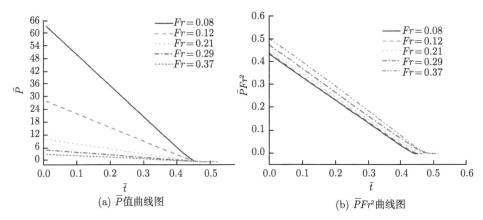

图 4.39　椭球半浸没出水过程中压力随时间的变化

　　图 4.39 提供了在椭球半浸没定速出水过程中,椭球下顶点的压力随时间的变化曲线。从图中可以看出,不同速度下椭球定速出水时的压力变化曲线基本呈现线性递减:从初始时刻的最大值开始不断减少,在物面和自由面的分离时刻附近趋于大气压力。这是因为这里的椭球体比较细长,且物体运动速度较低,对自由面的扰动很小,水动压力作用很小,静水压随着物体的线性上升而线性递减。同时,由于无量纲化的原因,傅汝德数越小,初始时刻该点的无量纲压力 $\bar{P}$ 越大,与之对应的 $\bar{P}Fr^2$ 的值则是随着傅汝德数的增加而增大,如图 4.39(b) 中所示,而当傅汝德数比较低的时候,$\bar{P}Fr^2$ 则十分接近。

4.5　半浸没圆球体强迫出水

　　在本节中,研究半浸没圆球体定速出水过程中自由面的变化。采用直径 $L = 150\text{mm}$ 的铝制圆球,将其通过连接杆安装在实验装置上,圆球的上顶点和连接杆相连,初始时刻圆球半浸没于水中,浸没位置在最大直径处。采用不同的速度($W = 0.2\text{m/s}$、0.5m/s、0.7m/s)来改变傅汝德数。在数值模拟中,物体表面被划分为 40 个节点和 39 个单元。

4.5.1　数值与实验对比

　　在此工况下,圆球模型在初始时刻半浸没于水中,随后在实验装置的驱动下以恒定的速度向上运动最后脱离水面。圆球的下顶点距离自由液面的高度约为 75mm,物体出水的速度 $W = 0.7\text{m/s}$,则此工况下根据傅汝德数的定义 $Fr = W/\sqrt{gL}$ 可以得到 $Fr \approx 0.58$。在数值模拟中,选取和实验值相同的傅汝德数,同时其余初始时刻的参数为 $We = 2.2 \times 10^6$,$P_0 \approx 1.01325 \times 10^5$。将实验数据和数值结果一同记录在图 4.40 中,其中每组图中上者为实验值,下者为数值解。本次实验所选用的拍摄频率为 3000Hz，数值结果中的虚线表示模型最大截面处的自由液面。对应的时间记录在每幅图下，为了更好地将两者的结果进行比较，选取的是基本处于相近时刻的数据。

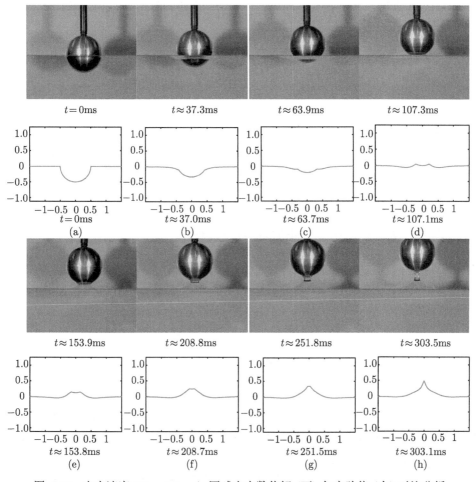

图 4.40　出水速度 $W = 0.7$ m/s 圆球出水数值解 (下) 与实验值 (上) 对比分析

图 4.40 显示了圆球半浸没出水过程中自由面的变化。从图中可以看出，实验数据和数值结果在外形和时间上都具有良好一致性。图 4.40(a) 显示为 $t = 0$ms 时刻，即圆球模型处于静止的初始时刻，随后模型将在驱动装置的带动下突然启动开始向上移动；图 4.40(b) 中由于圆球的向上运动，圆球附件的自由面出现下凹现象，在图中所显示的 $t \approx 37.3$ms 时刻附近，下凹的深度将达到最大值；在下凹深度达到最大值之后随着圆球的继续向上运动，圆球附近的自由面将会沿着模型表面出现一个向上的运动过程，如 $t \approx 63.9$ms 时刻的图 4.40(c) 所示；当圆球模型完全处

于自由面之上后, 我们可以看到, 在模型下表面和自由面之间会有一个水柱将两者连接, 自由面下表面附着有部分液体, 同时自由面也将出现一个锥状的隆起, 如图 4.40(e)~(h) 中所示; 当模型继续向上移动时, 水柱会越来越细, 在 $t \approx 210.8\text{ms}$ 时刻的图 4.40(h) 中, 水柱将脱离开圆球下表面, 物面和自由面完全分离, 此工况下的数值和实验工作也在这一时刻截止。

物体出水过程中, 水柱的出现主要是受到流体惯性效应影响的结果, 同时流体的黏度、模型的形状和表面粗糙度都会对此产生影响。从物理学的观点来看, 水柱的分离也是一个类似于水层破裂的渐进过程。在实验分析中, 由于受到上述各种物理因素的影响, 水柱分离的时间会很长, 同时在数值模拟中, 也需要估算判断水柱分离的时刻。如 4.4.1 小节所述, 水柱分离时刻 T_c 设定为当水柱颈部的直径小于 1% 的圆球直径的时刻。在此时刻静自由面和圆球下表面顶点之间的距离就为 "水柱高度 H_c", 在 $t \approx 210.5\text{ms}$ 时刻的图 4.40(h) 中, 水柱高度为 $H_c \approx 137.5\text{mm}$。

4.5.2 物理参数影响

本小节主要考虑出水速度即傅汝德数的影响。

表 4.3   不同傅汝德数 (Fr) 下实验中的水柱高度 (H_{c1})、分离时刻 (T_{c1}) 和数值模拟中的水柱高度 (H_{c2})、分离时刻 (T_{c2})

工况	$W/(\text{m/s})$	Fr	T_{c1}/ms	T_{c2}/ms	H_{c1}/mm	H_{c2}/mm
1	0.2	0.16	539.5	528.6	32.9	31.5
2	0.5	0.41	333.3	319.7	91.7	91.0
3	0.7	0.58	303.5	303.1	137.5	136.7

表 4.3 是不同傅汝德数下模型实验和数值模拟中水柱高度和分离时刻的对比数据。从表中数据可以看出实验值和数值解具有很好的相似性。通过改变物体出水的速度, 进行了一系列圆球半浸没定速出水的模型实验。在这些实验中, 自由面的变化规律是相类似的, 但是自由面水柱的高度以及自由面和物面分离的时刻是不同的。在这里关注傅汝德数 (Fr) 对水柱高度 (H_c) 和分离时刻 (T_c) 的影响作用。从表 4.3 我们可以看出, 随着傅汝德数的增加, 物体有一个更大的出水速度, 因此自由面脱离物体的时刻就越早, 同时水柱的高度也越来越高。

在出水实验中, 压力值是很重要的物理量。图 4.41 给出了表 4.3 中工况下的圆球半浸没定速出水实验中, 物体下顶点的压力随时间的变化曲线。从图中可以看出, 3 种工况下下顶点压力的变化规律相类似。在初始时刻下顶点的压力值最大, 这是因为在此时刻该点浸入水中的深度最深, 所受到的静水压最大。随着时间的推移, 圆球湿表面不断减少, 下顶点越来越靠近自由面, 相应的压力值也不断减小。当时间接近分离时刻 T_c 时, 该点浸没在水中的深度基本为 0, 压力值接近大气压力。在图 4.41(a) 中可以看出，随着傅汝德数的增加，圆球下顶点的压力值越小，这是因为在无量纲化后压力和傅汝德数 (Fr^2) 成反比。为此，本文进一步给出 $\bar{P}Fr^2$ 的时历曲线，如图 4.41(b) 所示，从中可见，傅汝德数越大，物体运动速度越高的条件下，$\bar{P}Fr^2$ 值就越高，即有量纲的物体表面遭受的压力就越大。

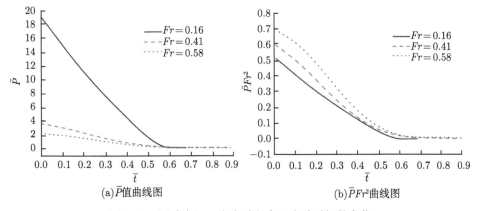

图 4.41　圆球半浸没出水过程中压力随时间的变化

4.6　半浸没圆锥体强迫出水

在本节中，采用的模型是铝制圆锥体模型，最大半径 $R=200\text{mm}$，锥角 $\beta = 90°$。出水速度的选取为 $W = 0.2\text{m/s}$、0.5m/s、0.7m/s。由于圆锥体模型的加工办法如第 3 章中所述，需要对圆锥体上部做密封处理，因此最大直径处存在一定厚度的圆柱体，不过由于此部分不会浸没入水，不参与到实验中，所以不会影响实验效果。

4.6.1　数值与实验对比

实验初始时刻，圆锥体由实验装置吊放半浸没于水中，圆锥体浸没在水中的高度 $D = 166\text{mm}$，实验装置的驱动速度 $W=0.7\text{m/s}$，在此工况下的傅汝德数经计算值为 $Fr \approx 0.55$。和前两节类似，圆锥体半浸没定速出水的数值计算中，选择和实验中相同的傅汝德数，初始时刻的其他参数为 $We = 2.2 \times 10^6$, $P_0 \approx 1.01325 \times 10^5$。

图 4.42 为本节实验值和数值解的对比，近似相同时刻的实验图像和数值模拟结果放置在同一组图的上下部分，数值结果中虚线表示的是最大直径截面处的湿表面和自由面。在本次实验中，高速摄影机采用了 3000Hz 采样频率。

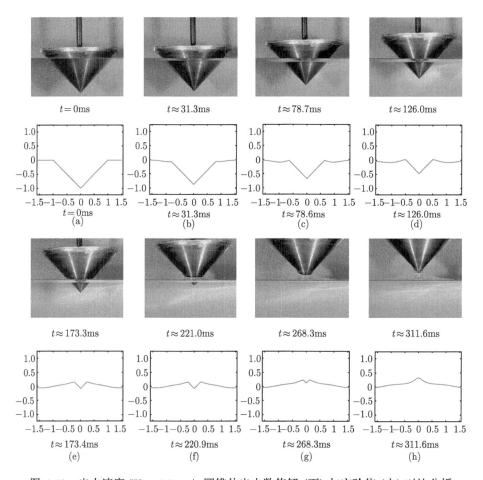

图 4.42   出水速度 $W = 0.7$ m/s 圆锥体出水数值解 (下) 与实验值 (上) 对比分析

从图 4.42 中我们可以看到，圆锥体半浸没定速出水实验所得到的实验图像和本文采用数值模拟所得到的自由面变化曲线具有普遍的一致性。图 4.42(a) 为实验处于 $t=0$ms 时刻的实验和数值图，在此时刻实验装置处于静止状态，随后实验装置通电启动，圆锥体向上移动；随着模型的移动，附近的自由面出现下凹现象，并在图 4.42(b) 所示的 $t \approx 31.3$ms 时刻，物面和自由面交点下凹达到最大值；此后模型附近的自由面将向上涌动，如图 4.42(c)、(d) 所示；由于圆锥体自身形状的原因，自由面下凹现象不如图 4.40 所示的圆球半浸没定速出水时剧烈；随着模型继续向上移动，自由面将从水面隆起，如图 4.42(e)~(g) 所示；在图 4.42(h) 所示的 $t \approx 311.6$ms 时刻附近，水面将脱离圆锥下端。自由面和物面分离后，本节所示的实验和数值模拟结束。在数值模拟中，分离时刻的确定是基于：水柱的半径小于模型最小网格大小的 10% 时，水柱就脱离模型。

4.6.2 物理参数影响

本小节主要考虑出水速度即傅汝德数的影响。

表 4.4 不同傅汝德数 (Fr) 下实验中的水柱高度 (H_{c1})、分离时刻 (T_{c1}) 和数值模拟中的水柱高度 (H_{c2})、分离时刻 (T_{c2})

工况	V/(m/s)	Fr	T_{c1}/ms	T_{c2}/ms	H_{c1}/mm	H_{c2}/mm
9	0.2	0.16	854.4	852.8	4.9	4.5
10	0.5	0.39	408.5	405.2	39.1	36.6
11	0.7	0.55	315.5	311.6	56.2	52.1

表 4.4 提供了圆锥半浸没出水过程中水柱高度和分离时刻的实验数值对比，不同傅汝德数工况下的数据也在表中予以体现。从表中可以看出，实验中分离时刻比数值模拟中稍后一点，相应的水柱高度也高一点。这是因为在模型实验中，圆锥表面的光洁度会对自由液面产生一定的吸附效应，而在数值模拟中黏性没有予以考虑。但是从整体对来看，实验值和数值解能够很好地吻合。傅汝德数的改变主要体现在物体出水的速度的变化上，表 4.2 中模型实验和数值模拟的结果显示，出水速度伴随着傅汝德数的增加而增大，同时分离时刻 (T_c) 也越早，自由面隆起形成的水柱高度 (H_c) 也越高。这和之前圆球和椭球实验中的规律是类似的。但是正如图 4.42 所示的那样，由于圆锥自身形状影响，圆锥出水时自由面的变化小于圆球模型。和表 4.3 比较，在相同出水速度下，水柱的最大高度明显较小。

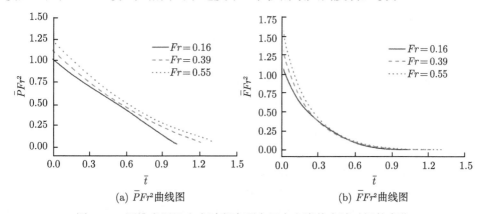

(a) $\bar{P}Fr^2$曲线图   (b) $\bar{F}Fr^2$曲线图

图 4.43 圆锥半浸没出水过程中顶点压力和流体力随时间的变化

通过圆锥半浸没定速出水的数值模拟工作，我们得到了表 4.4 中所述工况下的圆锥顶点压力和流体力的变化曲线，如图 4.43 所示。从图中可以看出，圆锥的压力变化和圆球、椭球类似，并且随着傅汝德数的增加，圆锥顶点的压力值增加，流体力也随之增加。在圆锥出水的过程中，流体力不断减小直至为 0。

4.7　本章小结

本章主要通过物理实验和数值模拟两方面研究全湿物体强迫出水的全过程。首先，根据物体初始是否与自由面有交界点而将全湿物体出水划分为全浸没物体出水和半浸没物体出水两大类；其次，根据全浸没物体出水的特殊性，阐述了对于自由面破裂、细长射流截断和自由面脱离物体等技术难点的特殊处理方法；再次，基于特殊处理方法研究全浸没椭球体和圆球体强迫出水的过程；最后，基于特殊处理方法研究半浸没椭球体、圆球体和圆锥体的强迫出水过程。通过数值模拟和物理实验，主要获得了以下一些结论。

(1) 当全浸没的细长体低速出水时，当自由面被物体撕裂后，物体附近的自由面会在重力的作用下不断震荡；当物体完全出水后，自由面会在物体的扰动下作振幅不断减下的自由震荡，并向远处辐射波浪。扰动将以辐射波的形式向远处传播并最终消失。

(2) 当全浸没物体逐渐变得"肥胖"时，自由面被物体撕裂的时刻逐渐推后，同时物体表面上贴服的水层更加长。对于肥胖体而言，压力和流体力中水动力效应更加明显。在物体完全脱离自由面时，自由液面的中心的高度更高，且具有明显的"颈缩现象"。附近的流体可能在物体完全脱离水面后向水面中心汇聚，并有可能捕获气泡。

(3) 当物体的形状固定，随着物体出水速度或傅汝德数增加，在物体完全脱离水面之前，会在流体力上观测到一个明显的局部峰值。因为傅汝德数越大，相当于重力效应越小，也就是流体的回复力越小，所以对于高速物体，自由面在被物体撕裂后，会随着物体向上移动，而不是像低速情况那样在物体周围震荡。当物体出水后，流体力和自由液面的变化与"肥胖"物体的情况相似。

参 考 文 献

[1] Ni B Y, Zhang A M, Wu G X. Simulation of complete water exit of a fully-submerged body [J]. Journal of Fluids and Structures, 2015, 58: 79–98.

[2] Sun S L, Wu G X. Oblique water entry of a cone by a fully three dimensional nonlinear method [J]. Journal of Fluids and Structures, 2013, 42: 313–332.

[3] Wu G X, Ma Q W. Finite element analysis of non-linear interactions of transient waves with a cylinder [C].//13thInternational Conference on Ocean, Offshore and Arctic Engineering [C] Copenhagen, Denmark. 1995.

[4] 戴遗山, 段文洋. 船舶在波浪中运动的势流理论 [M]. 北京: 国防工业出版社, 2008.

[5] 孙士丽, 许国冬, 倪宝玉. 流体与结构砰击水动力学 [M]. 哈尔滨: 哈尔滨工程大学出版社,

2014.

[6] Liju P Y, Machane R, Cartellier A. Surge effect during the water exit of an axis-symmetric body traveling normal to a plane interface: experiments and BEM simulation [J]. Experiments in Fluids, 2001, 31: 241–248.

第5章 全湿物体自由出水

在物体出水过程中，当物体完全凭借自身浮力出水，没有强制外力干扰，则称为自由出水。本章则重点研究全浸没物体的自由出水过程。在实际工程应用中，出水问题不只有强迫出水，更多的是具有加速度的自由出水过程。如潜艇发射潜射导弹，这是一个典型的带有加速度的全浸没出水问题。在潜艇发射导弹前，潜艇在水下处于静止状态，导弹发射筒的筒盖打开，海水进入其中。因此初始时刻，导弹静止放置在充满海水的发射筒中，相当于全浸没于水中；随后高压气体给予导弹一个初始加速度，导弹弹射出发射筒，进入海水中；在浮力、重力和阻力的共同作用下，导弹在水中以自由运动的状态快速接近海面；接着导弹弹头破开水面，导弹穿透海水，之后导弹尾部和水面分离。当导弹的速度特别大的时候，还有可能在弹体头肩部处形成肩空泡，这一现象将在第 6 章进行讨论。当潜射导弹完全脱离水面并继续上升到一定高度后，火箭发动机开始工作，导弹进入动力飞行状态，这就不属于本文的讨论范围。很多潜射导弹在弹体之外另加一个保护套筒，将导弹完全密封在其中。在导弹的自由出水过程中，弹体处于套筒之内，直到进入动力飞行阶段，导弹才在发动机的推动下离开套筒。因此在出水阶段的物体外形其实是保护套筒。这样做，一方面可以方便导弹的运输维护，防止海水腐蚀弹体和发动机；另一方面，潜射导弹的弹头外形一般为再入大气层进行了优化，并不一定适用于在海水中运动，而保护套筒的头部则完全可以从出水角度出发进行优化。在船舶与海洋工程中，漂浮于水面的浮标可能会在波浪的作用下不断地入水和出水，单独看出水阶段，也属于全湿物体自由出水的范畴。

与强迫出水不同，物体自由出水最大的难点在于流固耦合过程，即物体的运动和流体外力是相互影响且全耦合的，必须寻找一种有效可行的解耦方法，才能准确获得物体的运动状态。为此，本章首先根据辅助函数法提出一种有效的流固解耦方法，然后推导针对细长回转体的细长体理论，再针对物体自由出水再入水的水面融合过程提出特殊数值处理方法，在此基础上，采用理论分析、数值模拟和模型实验方法研究不同密度的椭球体和圆球体的完全自由出水和椭球体的自由出水再入水的过程。

5.1 流固解耦方法

当物体处于自由出水状态时，物体的速度是未知的，需要通过对加速度 $\mathrm{d}W/\mathrm{d}t$

进行时间积分求解，但是 $\mathrm{d}W/\mathrm{d}t$ 本身和物体运动引起的流体力相关 [1,2]。所以，在求解物体的运动时，需要对流固耦合进行解耦处理。根据 Wu 和 Eatock Taylor[3] 的研究工作，一种有效的解耦方法是辅助函数法。本书中也将采用辅助函数法对流固进行解耦，具体的过程阐述如下。

通过牛顿第二定律，物体的运动方程可表达为

$$\bar{m}\frac{\mathrm{d}\bar{W}}{\mathrm{d}\bar{t}} = \bar{F} + \bar{F}_e \tag{5.1.1}$$

其中，物体的质量 $\bar{m} = \bar{\rho}_\mathrm{B}\bar{V}_\mathrm{B} = \bar{\rho}_\mathrm{B}2\pi\bar{a}^2/3$，$\bar{F}_e$ 是物体遭受的外力，当仅考虑重力的条件下，有 $\bar{F}_e = -\bar{m}$；$\bar{F}$ 为物体的流体力，通过对伯努利方程求得的物体湿表面压力积分可以求得

$$\bar{F} = \bar{F}_z = \iint_{\bar{s}_\mathrm{W}} \bar{P}\cdot n_z\mathrm{d}\bar{s} = -\iint_{\bar{s}_\mathrm{W}}\left(\frac{\partial\bar{\Phi}}{\partial\bar{t}} + \frac{1}{2}\left|\boldsymbol{\nabla}\bar{\Phi}\right|^2 + \bar{z}\right)\cdot n_z\mathrm{d}\bar{s} \tag{5.1.2}$$

如 2.4.4 小节所述，$\partial\bar{\Phi}/\partial\bar{t}$ 直接求解是具有一定的难度的。参照 Wu 和 Eatock Taylor[3] 的研究中，式中的 $\partial\bar{\Phi}/\partial\bar{t}$ 可以看做满足拉普拉斯方程 $\boldsymbol{\nabla}^2\frac{\partial\bar{\Phi}}{\partial\bar{t}} = 0$ 的调和函数，则由式 (2.3.37) 可知，在自由面上 $\partial\bar{\Phi}/\partial\bar{t}$ 的边界条件是

$$\frac{\partial\bar{\Phi}}{\partial\bar{t}} = -\frac{1}{2}\left|\boldsymbol{\nabla}\bar{\Phi}\right|^2 - \bar{z} + \frac{\bar{\kappa}}{We} \tag{5.1.3}$$

物面边界条件可以参照 Wu[4] 的研究工作，有如下的形式：

$$\frac{\partial(\partial\bar{\Phi}/\partial\bar{t})}{\partial n} = \frac{\mathrm{d}\overline{W}}{\mathrm{d}\bar{t}}n_z - \overline{W}\frac{\partial(\partial\bar{\Phi}/\partial\bar{z})}{\partial n} \tag{5.1.4}$$

和 2.4.4 小节中类似，引入两个辅助函数 $\bar{\chi}_2(\bar{x},\bar{y},\bar{z},\bar{t})$ 和 $\bar{\chi}_3(\bar{x},\bar{y},\bar{z},\bar{t})$ 来求解 $\partial\bar{\Phi}/\partial\bar{t}$ [5]，则有

$$\frac{\partial\bar{\Phi}}{\partial\bar{t}} = \frac{\mathrm{d}\overline{W}}{\mathrm{d}\bar{t}}\chi_2 + \chi_3 - \overline{W}\frac{\partial\bar{\Phi}}{\partial\bar{z}} \tag{5.1.5}$$

辅助函数 $\bar{\chi}_2$ 和 $\bar{\chi}_3$ 在流场内同样满足拉普拉斯方程 $\boldsymbol{\nabla}^2\bar{\chi} = 0$，其中 $\bar{\chi}_2$ 满足的边界条件如下：

$$\frac{\partial\chi_2}{\partial n} = n_z, \text{物面条件} \tag{5.1.6}$$

$$\chi_2 = 0, \text{自由面条件} \tag{5.1.7}$$

$$\frac{\partial\chi_2}{\partial n} = 0, \text{无穷远边界条件} \tag{5.1.8}$$

函数 $\bar{\chi}_3$ 满足的边界条件为

$$\frac{\partial\chi_3}{\partial n} = 0, \text{物面条件} \tag{5.1.9}$$

$$\chi_3 = -\frac{1}{2}\left|\nabla\bar{\Phi}\right|^2 - \bar{z} + \frac{\bar{\kappa}}{We} + \overline{W}\frac{\partial\bar{\Phi}}{\partial\bar{z}}, \text{ 自由面条件} \tag{5.1.10}$$

$$\frac{\partial\chi_3}{\partial n} = 0, \text{ 无穷远边界条件} \tag{5.1.11}$$

$\bar{\chi}_2$ 和 $\bar{\chi}_3$ 的求法与速度势 $\bar{\Phi}$ 的求法类似，所以可以很容易地用类似的编程方法求得。当 $\bar{\chi}_2$ 和 $\bar{\chi}_3$ 求得之后，将其代入公式 (5.1.5)、公式 (5.1.2) 并将二式同时代入运动方程式 (5.1.1) 中，有如下的形式：

$$\bar{m}\frac{\mathrm{d}\overline{W}}{\mathrm{d}\bar{t}} = -\iint_{\bar{s}_\mathrm{W}}\left(\frac{\mathrm{d}\overline{W}}{\mathrm{d}\bar{t}}\chi_2 + \chi_3 - \overline{W}\frac{\partial\bar{\Phi}}{\partial\bar{z}} + \frac{1}{2}\left|\nabla\bar{\Phi}\right|^2 + \bar{z}\right)n_z\mathrm{d}\bar{s} + \bar{F}_e \tag{5.1.12}$$

上式也可以写作：

$$(\bar{m} + \bar{m}_a)\frac{\mathrm{d}\overline{W}}{\mathrm{d}\bar{t}} = -\iint_{\bar{s}_\mathrm{W}}\left(\chi_3 - \overline{W}\frac{\partial\bar{\Phi}}{\partial\bar{z}} + \frac{1}{2}\left|\nabla\bar{\Phi}\right|^2 + \bar{z}\right)n_z\mathrm{d}\bar{s} + \bar{F}_e \tag{5.1.13}$$

其中，

$$\bar{m}_a = \iint_{\bar{s}_\mathrm{W}}\chi_2 n_z\mathrm{d}\bar{s} \tag{5.1.14}$$

实际上是物体的附加质量 [3]。

辅助函数 $\bar{\chi}_2$ 和 $\bar{\chi}_3$ 可以较为容易计算出来，则加速度 $\mathrm{d}\overline{W}/\mathrm{d}\bar{t}$ 就可以得到，通过积分求解物体的速度，这样下一时间步的物体速度和位置就能够更新。此外，流体力可以通过运动方程直接求得

$$\bar{F} = \bar{m}\frac{\mathrm{d}\overline{W}}{\mathrm{d}\bar{t}} - \bar{F}_e \tag{5.1.15}$$

在 $\bar{t} = 0$ 的初始时刻，等式 (5.1.13) 可以得到如下的形式：

$$\frac{\mathrm{d}\overline{W}}{\mathrm{d}\bar{t}} = \frac{\overline{V}_\mathrm{B}\left(1 - \bar{\rho}_\mathrm{B}\right)}{\bar{\rho}_\mathrm{B}\overline{V}_\mathrm{B} + \overline{m}_a} \tag{5.1.16}$$

结合式 (5.1.5) 可以得到在 $\bar{t} = 0$ 时刻的流体力表达式：

$$\bar{F} = \bar{\rho}_\mathrm{B}\overline{V}_\mathrm{B}\frac{\overline{V}_\mathrm{B} + \overline{m}_a}{\bar{\rho}_\mathrm{B}\overline{V}_\mathrm{B} + \overline{m}_a} \tag{5.1.17}$$

5.2   细长体理论

当物体的细长比 $a/b \ll 1$ 时，可以采用细长体理论计算物体出入水问题。流体力 $\bar{F}$ 可以进一步分解为水动力 $\bar{F}_d$ 和静水力 $\bar{F}_s$：

$$\bar{m}\frac{\mathrm{d}\overline{W}}{\mathrm{d}\bar{t}} = \bar{F}_d + \bar{F}_s - \bar{m} \tag{5.2.1}$$

当物体足够细长的时候，物体对于自由面的扰动很弱，可以假设在无扰动自由面 $\bar{z} = 0$ 上满足 $\bar{\Phi} = 0$，在这种假设下，有 [4]

$$\bar{F}_{\mathrm{d}} = -\frac{1}{2}\frac{\mathrm{d}\bar{m}_a}{\mathrm{d}\bar{t}}\bar{W} - \bar{m}_a\frac{\mathrm{d}\bar{W}}{\mathrm{d}\bar{t}} \tag{5.2.2}$$

其中，附加质量

$$\bar{m}_a = \iint\limits_{\bar{s}_{\mathrm{w}}} \psi\frac{\partial\psi}{\partial n}\mathrm{d}\bar{s} = \iint\limits_{\bar{s}_{\mathrm{w}}} \psi n_z\mathrm{d}\bar{s} \tag{5.2.3}$$

式中，$\psi = \bar{\Phi}/\bar{W}$。公式 (5.2.3) 中的附加质量与公式 (5.1.14) 略有不同，因为这里的 ψ 是在 $\bar{z} = 0$ 上满足 $\psi = 0$；而公式 (5.1.14) 中的 χ_2 是在 $\bar{z} = \eta$ 上满足 $\chi_2 = 0$。静水力可以写作：

$$\bar{F}_s = -\iint\limits_{\bar{s}_{\mathrm{w}}} \bar{z}n_z\mathrm{d}\bar{s} = \bar{V}_d \tag{5.2.4}$$

式中，$\bar{V}_{\mathrm{d}}$ 是静水面之下的物体的排水体积，$\bar{V}_d$ 是时间的函数，对于椭球体而言，具有如下形式：

$$\bar{V}_{\mathrm{d}}/\bar{V}_{\mathrm{B}} = \begin{cases} 1, & \left(\bar{z}_c < -\dfrac{1}{2}\right) \\[2mm] \dfrac{1}{2} - \dfrac{3}{2}\bar{z}_c + 2\bar{z}_c^3, & \left(-\dfrac{1}{2} \leqslant \bar{z}_c \leqslant \dfrac{1}{2}\right) \end{cases} \tag{5.2.5}$$

其中，$\bar{V}_{\mathrm{B}}$ 是椭球体的体积，$\bar{z}_c$ 是物体型心的垂向坐标。

将公式 (5.2.2) 和 (式 5.2.4) 代入 (5.2.1) 中，可得

$$(\bar{m} + \bar{m}_a)\frac{\mathrm{d}\bar{W}}{\mathrm{d}\bar{t}} + \frac{1}{2}\frac{\mathrm{d}\bar{m}_a}{\mathrm{d}\bar{t}}\bar{W} = (\bar{F}_s - \bar{m}) \tag{5.2.6}$$

基于细长体理论 [6,7]，公式 (5.2.3) 中的 ψ 可以写作：

$$\psi(\bar{z}, \bar{r}) = -\frac{1}{4\pi}\int_{\bar{z}_c-0.5}^{-\bar{z}_c+0.5} \frac{\bar{S}'(\xi)\mathrm{d}\xi}{[(\bar{z}-\xi)^2 + \bar{r}^2]^{1/2}} \tag{5.2.7}$$

其中，$\bar{S}(\xi)$ 是物体在 $\bar{z} = \xi$ 处的横截面，$\bar{S}'(\xi)$ 是 $\bar{S}(\xi)$ 的导数。对于椭球体而言，有

$$\bar{S}(\xi) = \begin{cases} \pi\bar{a}^2[1 - 4(\xi - \bar{z}_c)^2], & (\bar{z}_c - 0.5 < \xi < 0) \\ \pi\bar{a}^2[1 - 4(\xi + \bar{z}_c)^2], & (0 < \xi < 0.5 - \bar{z}_c) \end{cases} \tag{5.2.8}$$

因此

$$\bar{S}'(\xi) = \begin{cases} -8\pi\bar{a}^2(\xi - \bar{z}_c), & (\bar{z}_c - 0.5 < \xi < 0) \\ -8\pi\bar{a}^2(\xi + \bar{z}_c), & (0 < \xi < 0.5 - \bar{z}_c) \end{cases} \tag{5.2.9}$$

将公式 (5.2.9) 代入公式 (5.2.7), 并进行积分之后有

$$\psi(\bar{z},\bar{r})=2\bar{a}^2\left\{-\sqrt{(\bar{z}_c-0.5-\bar{z})^2+\bar{r}^2}+(\bar{z}-\bar{z}_c)\ln\frac{-\bar{z}+\sqrt{\bar{z}^2+\bar{r}^2}}{\bar{z}_c-0.5-\bar{z}+\sqrt{(\bar{z}_c-0.5-\bar{z})^2+\bar{r}^2}}\right.$$
$$\left.+\sqrt{(0.5-\bar{z}_c-\bar{z})^2+\bar{r}^2}+(\bar{z}+\bar{z}_c)\ln\frac{0.5-\bar{z}_c-\bar{z}+\sqrt{(0.5-\bar{z}_c-\bar{z})^2+\bar{r}^2}}{-\bar{z}+\sqrt{\bar{z}^2+\bar{r}^2}}\right\}$$

$$(5.2.10)$$

式中, $\bar{r}=\bar{a}\sqrt{1-4(\bar{z}-\bar{z}_c)^2}$。

对于本书中考虑的轴对称问题, 公式 (5.2.3) 可以转化为

$$\bar{m}_a=2\pi\int_{\bar{l}_b}\psi n_z\bar{r}\mathrm{d}\bar{l}=2\pi\int_{\bar{z}_c-0.5}^0\frac{\psi n_z\bar{r}}{\sqrt{1-n_z^2}}\mathrm{d}\bar{z}\qquad(5.2.11)$$

式中, $n_z=\dfrac{4\bar{a}(\bar{z}-\bar{z}_c)}{\sqrt{1+(16\bar{a}^2-4)(\bar{z}-\bar{z}_c)^2}}$。将公式 (5.2.10) 代入公式 (5.2.11) 中, 通过积分即可获得附加质量。再通过公式 (5.2.6), 即可得到加速度的表达式为

$$\frac{\mathrm{d}\bar{W}}{\mathrm{d}\bar{t}}=\left(\bar{F}_s-\bar{m}-\frac{1}{2}\frac{\mathrm{d}\bar{m}_a}{\mathrm{d}\bar{t}}\bar{W}\right)\bigg/(\bar{m}+\bar{m}_a)=\left(\bar{F}_s-\bar{m}-\frac{1}{2}\frac{\mathrm{d}\bar{m}_a}{\mathrm{d}\bar{z}}\bar{W}^2\right)\bigg/(\bar{m}+\bar{m}_a)$$

$$(5.2.12)$$

引入 $\Pi=\bar{W}^2$ 并注意到:

$$\frac{\mathrm{d}\bar{W}}{\mathrm{d}\bar{t}}=\frac{\mathrm{d}\bar{W}}{\mathrm{d}\bar{z}}\bar{W}=\frac{1}{2}\frac{\mathrm{d}\bar{W}^2}{\mathrm{d}\bar{z}}\qquad(5.2.13)$$

可以获得关于 Π 的线性常微分方程:

$$\frac{\mathrm{d}\Pi}{\mathrm{d}\bar{z}}=-\frac{\mathrm{d}\bar{m}_a/\mathrm{d}\bar{z}}{\bar{m}+\bar{m}_a}\Pi+2\frac{\bar{F}_s-\bar{m}}{\bar{m}+\bar{m}_a}\qquad(5.2.14)$$

公式 (5.2.14) 具有如下形式的解:

$$\Pi=\mathrm{e}^{\int p(\bar{z}_c)\mathrm{d}\bar{z}_c}\left(\int q(\bar{z}_c)\mathrm{e}^{-\int p(\bar{z}_c)\mathrm{d}\bar{z}_c}\mathrm{d}\bar{z}_c+C\right)\qquad(5.2.15)$$

式中, $\mathrm{e}^{\int p(\bar{z}_c)\mathrm{d}\bar{z}_c}=\mathrm{e}^{\int-\frac{\mathrm{d}\bar{m}_a/\mathrm{d}\bar{z}_c}{\bar{m}+\bar{m}_a}\mathrm{d}\bar{z}_c}=\mathrm{e}^{\int-\frac{\mathrm{d}(\bar{m}+\bar{m}_a)}{\bar{m}+\bar{m}_a}}=\mathrm{e}^{-\ln(\bar{m}+\bar{m}_a)}=\dfrac{1}{\bar{m}+\bar{m}_a}$,

$\displaystyle\int q(\bar{z}_c)\mathrm{e}^{-\int p(\bar{z}_c)\mathrm{d}\bar{z}_c}\mathrm{d}\bar{z}_c=\int 2\frac{\bar{F}_s-\bar{m}}{\bar{m}+\bar{m}_a}(\bar{m}+\bar{m}_a)\mathrm{d}\bar{z}_c=2\int(\bar{F}_s-\bar{m})\mathrm{d}\bar{z}_c$, C 是待定常数, 通过初始条件 $\bar{W}(0)=0$ 可获得 $C=0$。

至此, 可以获得速度的显式表达式:

$$\bar{W}=\sqrt{\Pi}=\sqrt{\frac{2\displaystyle\int_{-\lambda}^{\bar{z}_c}(\bar{F}_s-\bar{m})\mathrm{d}\bar{z}}{\bar{m}+\bar{m}_a}}=\sqrt{\frac{2f(\bar{z}_c)}{\bar{\rho}_B+k_s}}\qquad(5.2.16)$$

式中，$f(\bar{z}_c) = \frac{1}{2}\bar{z}_c^4 - \frac{3}{4}\bar{z}_c^2 + \left(\frac{1}{2} - \bar{\rho}_{\mathrm{B}}\right)\bar{z}_c + (1 - \bar{\rho}_{\mathrm{B}})\lambda - \frac{3}{32}$，$k_s = \bar{m}_a / \bar{V}_{\mathrm{B}}$ 是附加质量系数。

将公式 (5.2.16) 代入公式 (5.2.12) 中，有

$$\frac{\mathrm{d}\bar{W}}{\mathrm{d}\bar{t}} = \frac{\bar{F}_s - \bar{m}}{\bar{m} + \bar{m}_a} - \frac{\dfrac{\mathrm{d}\bar{m}_a}{\mathrm{d}\bar{z}}\displaystyle\int_{-\lambda}^{\bar{z}_c}(\bar{F}_s - \bar{m})\mathrm{d}\bar{z}}{(\bar{m} + \bar{m}_a)^2} = \frac{\dfrac{\bar{V}_d}{\bar{V}_{\mathrm{B}}} - \bar{\rho}_{\mathrm{B}}}{\bar{\rho}_{\mathrm{B}} + k_s} - \frac{\dfrac{\mathrm{d}k_s}{\mathrm{d}\bar{z}}f(\bar{z}_c)}{(\bar{\rho}_{\mathrm{B}} + k_s)^2} \tag{5.2.17}$$

物体能够依靠流体力完全脱离水面的条件是，当 $\bar{z}_c = 1/2$ 时，$\bar{W} \geqslant 0$。将临界条件 $\bar{z}_c = 1/2$ 和 $\bar{W} = 0$ 代入公式 (5.2.16) 中，通过 $f(1/2) = 0$ 就可以得到一个物体能够完全脱离水面的临界物体密度 $\bar{\rho}_{\mathrm{B,c}}$：

$$\bar{\rho}_{\mathrm{B,c}} = \frac{\lambda}{1/2 + \lambda} \tag{5.2.18}$$

在此临界密度下，通过公式 (5.2.17) 可得到物体的加速度 $\mathrm{d}\bar{W}/\mathrm{d}\bar{t} = -1$，实际上表明，此时物体的加速度就是重力加速度，因为此时物体上已经没有了流体力的作用。因为对于初始完全浸没的物体，浸没参数 $\lambda > 1/2$，所以通过公式 (5.2.18) 可知，$1/2 < \bar{\rho}_{\mathrm{B,c}} < 1$。

当物体的密度小于此临界密度的时候，即 $\bar{\rho}_{\mathrm{B}} < \bar{\rho}_{\mathrm{B,c}}$，物体将在自身浮力的作用下完全穿越自由面而跳出水面。否则，当物体的密度大于此临界密度又小于水密度的时候，即 $\bar{\rho}_{\mathrm{B,c}} < \bar{\rho}_{\mathrm{B}} < 1$，全浸没的物体将在自身浮力的作用下穿透水面，然后在完全脱离水面之前又降落回水中。此时，根据公式 (5.2.16) 中的 $f(\bar{z}_{c,\max}) = 0$，可以计算出物体在降落之前能够达到的最大垂向位移 $\bar{z}_{c,\max}$。

5.3 水面融合的处理方法

如上所述，当 $\bar{\rho}_{\mathrm{B,c}} < \bar{\rho}_{\mathrm{B}} < 1$ 时，物体将在浮力作用下先出水，然后在完全出水之前再次入水。在第 4 章中，我们对于物体穿透水面的过程的数值处理进行了描述，本节将对于 $\bar{\rho}_{\mathrm{B,c}} < \bar{\rho}_{\mathrm{B}} < 1$ 的物体出水后再入水过程中水面融合的数值处理进行描述，以便可以完整地模拟物体出水再入水的过程。

借鉴 4.1.3 小节中的物体脱离水面处理方法，图 5.1 给出了物体出水再入水过程中水面融合的数值处理方法。如图 5.1(a) 所示，随着物体的降落，物体的头部将低于初始未扰动的自由水面，随着物体的继续降落，将有一个小的空气柱贴服于物体表面。假设空气柱的半径为 $\Delta\bar{s}_c$，当 $\Delta\bar{s}_c$ 小于给定的临界值 $\Delta\bar{s}_{\mathrm{c}1}$ 时，则在下一步自由面将完全脱离物体而相互融合。具体的数值处理方法是当 $\Delta\bar{s}_c \leqslant \Delta\bar{s}_{\mathrm{c}1}$ 时，将物体与自由面的交点从物面上直接移动到对称轴上高于物体顶点 $\Delta\bar{s}_{\mathrm{c}1}$ 的距离处，如图 5.1(b) 所示，交点的速度势保持不变。此后自由面将重新融合为一个完整

的自由面，数值计算将再次演变为物体与近自由面的相互作用。临界值 $\Delta\bar{s}_{c1}$ 通常需要足够小，根据 4.2.1 节的敏感性分析，如无特殊说明，可将 $\Delta\bar{s}_{c1}$ 选取为物面网格 $\Delta\bar{s}_b$ 的 10%。

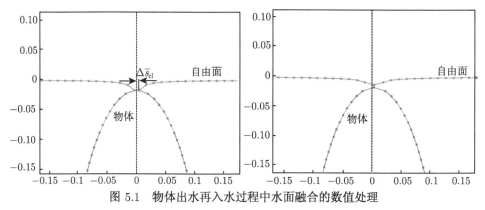

图 5.1   物体出水再入水过程中水面融合的数值处理

5.4   椭球体完全自由出水

本节首先研究密度小于临界密度 $\bar{\rho}_B < \bar{\rho}_{B,c}$ 的椭球体完全自由出水问题，以下如无特殊说明，均暂不考虑表面张力的作用，即 $We \to \infty$。

5.4.1   收敛性分析

首先进行轻质椭球体出水的网格收敛性分析。物体的密度选择为 $\bar{\rho}_B = 0.2$，无量纲的短轴半径 $\bar{a} = 1/8$，浸没参数选为 $\lambda = 0.55$。根据 5.2 节的细长体理论，可以预见，此轻质物体将在浮力作用下完全跳出水面。选择物体母线上的网格分别为 $N_b = 40$ 和 $N_b = 60$，具体的网格划分方式与第 4 章相同。如 4.1.3 小节所述，物体脱离水面的临界值 $\Delta\bar{s}_{c1}$ 选取为物面网格 $\Delta\bar{s}_b$ 的 10%，这样当物面上网格加密时，脱离水面的临界值 $\Delta\bar{s}_{c1}$ 也就在跟着减小。所以临界值的敏感性分析实际上就包含在网格收敛性分析中。

图 5.2 给出了两种不同网格密度下物体的速度和加速度的时历曲线，计算到物体完全脱离水面为止。从图 5.2 中可见，速度和加速度都表现出良好的网格收敛性。对于网格密度较小的 $N_b = 60$ 工况，物体脱离水面的时间略微延迟。这是因为网格密度越小，物体脱离水面的临界值 $\Delta\bar{s}_{c1}$ 越小，则自由面贴服物体表面的时间越长。有趣的是，从图 5.2(b) 可见，物体在运动的最后期，其加速度几乎为 -1，这就说明，物体上的流体力几乎为 0，物体仅遭受重力。所以可见，尽管两种工况下物体脱离水面的时刻不完全一致，但是二者的受力和运动几乎是一致的，因为当后期物体湿表面积很小的时候，流体力几乎不起作用，物体脱离水面时刻的差异不会

影响所关心的物理量。

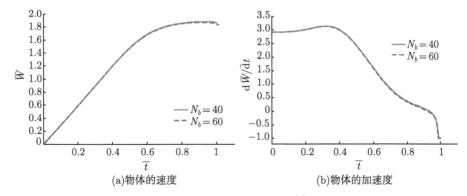

(a)物体的速度   (b)物体的加速度

图 5.2 网格收敛性分析[2]

5.4.2 边界元法与细长体理论对比

接下来将对边界元法 (BEM) 与细长体理论 (SBT) 的数值计算结果进行对比。椭球体母线上的网格数选择为 $N_b = 40$,其他参数与 5.4.1 节选取一致。图 5.3 给出了椭球体的加速度随着物体型心位移的变化曲线。从图中可见,在物体出水前期,BEM 与 SBT 的计算结果吻合度良好,尤其是当自由面破裂之后到物体完全出水之前的一段曲线。在 SBT 中,数值计算在 $\bar{z}_c = 0.5$ 即物体底端到达未扰动水面的时候就停止了,而 BEM 的计算时间却更长,因为自由面随着物体的上升而隆起。所以 BEM 与 SBT 的计算结果在物体完全出水后期有所差别。从 BEM 曲线的末端可见,无量纲的加速度几乎等于 -1,说明此时贴服在物体的水层很小,流体力几乎为 0。图 5.4 给出了物体的速度随着物体型心位移的变化曲线,可见 BEM 与 SBT 计算得到的速度曲线的吻合度一直比较好。

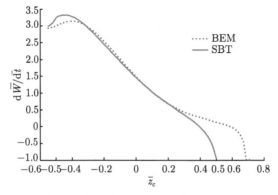

图 5.3 物体加速度随型心位移曲线[2]

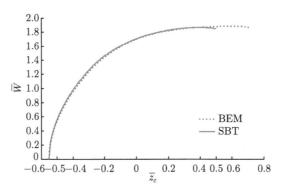

图 5.4   物体速度随型心位移曲线[2]

5.4.3   数值模拟分析

本小节主要采用 BEM 对椭球体自由出水进行模拟。为了进一步校核 BEM 计算结果的准确性，分别采用公式 (5.1.15) 和公式 (4.2.7) 计算物体遭受的流体力。图 5.5 给出了这两种方法计算的流体力曲线，其中方法 1 和方法 2 分别对应公式 (5.1.15) 和公式 (4.2.7)。从图中可见两种方法计算得到的流体力无论在自由面破裂之前，还是之后都具有良好的吻合性，再次验证了 BEM 法计算结果的有效性。

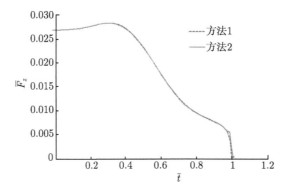

图 5.5   不同方法计算得到的流体力时历曲线[2]

接下来进一步校核 BEM 方法结果的能量守恒性。流体的总机械能 $\bar{E}_f(\bar{t})$，包含动能和重力势能，可以写作：

$$\bar{E}_f(\bar{t}) = \iiint\limits_{\bar{V}(\bar{t})} \left(\frac{1}{2}\boldsymbol{\nabla}\bar{\Phi}\boldsymbol{\nabla}\bar{\Phi} + \bar{z}\right) \mathrm{d}\bar{v}$$

$$= \frac{1}{2} \iint\limits_{\bar{s}(t)} \left(\bar{\Phi}\frac{\partial\bar{\Phi}}{\partial n} + \bar{z}^2 n_z\right) \mathrm{d}\bar{s}$$

$$= \frac{1}{2} \iint\limits_{\bar{s}_b + \bar{s}_f} \bar{\Phi} \frac{\partial \bar{\Phi}}{\partial n} \mathrm{d}\bar{s} + \frac{1}{2} \iint\limits_{\bar{s}_b + \bar{s}_f + \bar{s}_C} \bar{z}^2 n_z \mathrm{d}\bar{s} \tag{5.4.1}$$

而物体的机械能 $\bar{E}_b(\bar{t})$ 可以写作：

$$\bar{E}_b(\bar{t}) = \frac{1}{2} \bar{m} \bar{W}^2 + \bar{m} \bar{z}_c \tag{5.4.2}$$

从能量守恒定律应当有

$$\Delta \bar{E} = \bar{E}(\bar{t}) - \bar{E}(0) = 0 \tag{5.4.3}$$

其中，$\bar{E}(\bar{t}) = \bar{E}_f(\bar{t}) + \bar{E}_b(\bar{t})$。

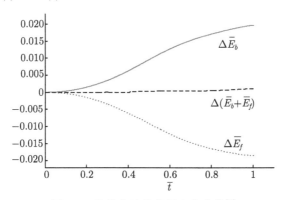

图 5.6 物体和流体能量变化曲线[2]

图 5.6 给出了物体和流体在整个物体出水过程中能量相对于初值的变化曲线。从图中可见，整个系统的能量变化 $\Delta \bar{E}$ 几乎为 0，验证了计算模型的能量守恒性。

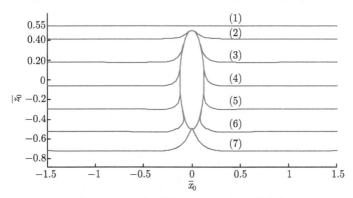

图 5.7 牵连坐标系中自由面变化[2]

其中 (1): $\bar{t} \approx 0$, (2): $\bar{t} \approx 0.3045$, (3): $\bar{t} \approx 0.5013$, (4): $\bar{t} \approx 0.6465$, (5): $\bar{t} \approx 0.7763$, (6): $\bar{t} \approx 0.8897$, (7): $\bar{t} \approx 1.0036$.

接下来考虑典型工况下自由面形态的变化，参数选取与上相同。图 5.7 给出了原点固连在椭球体型心的牵连坐标系 $O\text{-}\bar{x}_0\bar{y}_0\bar{z}_0$ 中自由面形态的变化曲线。初始静止的物体突然释放，将在净浮力的作用下向上运动。流体被物体推向四周，当物体接近水面时，物体上方的水层将逐渐变薄。图 5.7 中，(2) 对应水膜刚刚被物体撕裂的时刻，对应的数值方法与 4.1.1 小节的水膜破裂方法一致。接下来物体继续在净浮力的作用下向上运动，在运动过程中，自由面与物体的交点一直处在未被扰动自由面的上方，为自由面上的最高点。这与图 4.7 中细长体高速强迫出水的现象是类似的。在图 5.7 中，(7) $\bar{t} \approx 1.0036$ 时物体将完全脱离自由面而跳出水面，可见此时在物体尾部形成了一个小水柱。可以预见，当物体脱离后，小水柱将在自由面震荡，并将兴波并传播到远方，相关的数值模拟可参见第 4 章。

5.4.4　物理参数影响

本小节主要考虑物体密度 $\bar{\rho}_B$ 和初始浸没参数 λ 两个参数的影响。保持物体细长比 $a/b=1/4$，物体网格数和网格分布等均与 5.4.3 小节一致。

1. 物体密度 $\bar{\rho}_B$

在研究物体密度的影响时，保持物体的初始浸没参数 $\lambda = 0.55$ 不变，以 0.1 为间隔将 $\bar{\rho}_B$ 从 0.1 改变到 0.9。

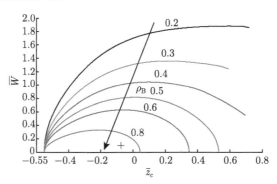

图 5.8　不同密度下物体速度随型心位移的变化曲线[2]

图 5.8 提供了不同密度下物体速度随型心位移的变化曲线。从图中可见，计算结果分为两大类：一类是物体完全出水，一类是物体部分出水，对于这两类，计算结果分别计算到物体完全脱离水面，或者物体的速度达到 0 为止。基于 5.2 节 SBT 的公式 (5.2.8)，可以计算得到物体完全出水的临界速度 $\bar{\rho}_{B,c} = 11/21 \approx 0.5238$。在 BEM 的模拟中，无法精确给出物体出水的临界密度，但可以通过如下方法近似获得：当物体的速度降低到 0 时，若物体的加速度与重力加速度间的误差小于 1%，则假定此时物体刚好达到完全出水的临界状态。这种处理方法实际上是假定当物

体速度达到 0 的时候, 物体上附着的流体已经十分少了, 所以流体力十分微弱。基于这种假定, 从图 5.8 中可见当物体密度为 0.2、0.3 和 0.4 时, 物体将完全出水; 当物体密度为 0.5、0.6 和 0.8 时, 物体将部分出水然后再次入水。对于再次入水过程本节暂时不考虑, 将在 5.6 节深入讨论。所以可以判断, BEM 预测的物体完全出水的临界密度为 $0.4 < \bar{\rho}_{B,c} < 0.5$, 比 SBT 计算得到的 0.5238 小。产生这个差异的原因主要有以下两点。一是对于完全非线性理论, 部分的物体能量将转化为流体的重力势能和动能, 因此物体剩余的机械能将变少, 所以物体需要更轻才有可能完全出水。二是对于 SBT 而言, 只要物体的最低点高于未扰动的自由面, 即 $\bar{z}_c \geqslant 0.5$ 时物体就已经完全出水; 而对于 BEM, 自由面将随着物体上升, 当物体完全脱离自由面时, $\bar{z}_c > 0.5$, 自由面的上升也使得 BEM 计算中物体更难完全出水。

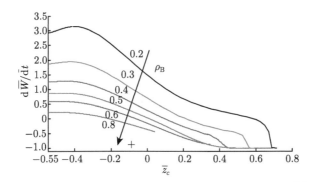

图 5.9　不同密度下物体加速度随型心位移的变化曲线[2]

图 5.9 提供了不同密度下物体加速度随型心位移的变化曲线。从图中可见, 物体越轻, 具有的加速度越大。这很容易理解, 因为越轻的物体, 净浮力越大, 附加质量相同的情况下, 系统总质量越小, 则加速度越大。公式 (5.1.16) 也可以解释 $\bar{t}=0$ 时轻质物体加速度大的原因。此外, 越轻的物体的动态效应越大, 表现为在物体完全出水之前, 加速度先上升再下降。对于密度特别小的工况, 例如图 5.9 中的 $\bar{\rho}_B=0.2$ 和 0.3 工况, 加速度下降到 -1 后物体很快就完全脱离了流体, 表明水动力下降很迅速; 而对于密度接近完全出水临界密度的工况, 例如图 5.9 中的 $\bar{\rho}_B=0.4$ 工况, 加速度到达 -1 相对很长一段时间后, 物体才完全脱离流体。这实际上这对应着物体上的流体缓慢地脱落的过程, 因为此时物体相对于流体的速度已经很低了, 物面上贴服的小面积的流体很难完全脱离物体, 所以需要很长时间计算才终止。但是此阶段, 流体力已经很小了, 所以加速度几乎接近 -1。

图 5.10 给出了不同密度下流体力随物体型心位移的变化曲线。与图 5.9 对比, 有趣的是, 对于较重的物体而言, 尽管其加速度一直低于轻质物体, 但是其在初始阶段遭受的流体力却大于轻质物体。这可以从公式 (5.1.17) 中分析得到。公式

(5.1.17) 又可写为 $\bar{F}_z = \dfrac{\bar{V}_B + \bar{m}_a}{1 + \bar{m}_a/\bar{\rho}_B \bar{V}_B}$，表明当物体密度越大时，初始时刻遭受的流
体力越大。换言之，初始阶段的流体力是浮力和惯性力的差值，重的物体具有一个
小的加速度，但是其附加质量和轻的物体一致，所以其惯性力更小。这样，考虑到
二者的浮力一致，重的物体将拥有更大的净流体力。此外，对比图 5.9 和图 5.10 可
发现，物体的加速度是可正可负的，取决于净浮力的正负，但是流体力一直是正的，
因为流体力包含了水静力 (浮力) 和水动力 (惯性力)，而浮力一值是正的且一直大
于惯性力。

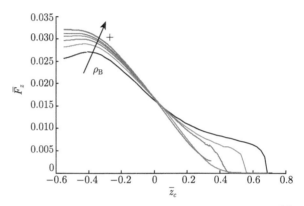

图 5.10   不同密度下流体力随型心位移的变化曲线[2]

2. 浸没参数 λ

在研究浸没参数的影响时，保持物体的密度 $\bar{\rho}_B = 0.2$ 不变，改变 λ 为 0.55、0.65
和 0.75。以 0.1 为间隔将 $\bar{\rho}_B$ 从 0.1 改变到 0.9。

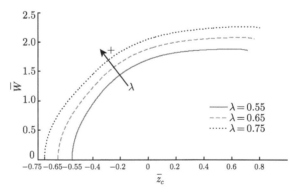

图 5.11   不同浸没参数下物体速度随型心位移的变化曲线[2]

图 5.11 给出了不同浸没参数下物体速度随型心位移的变化曲线。在所有工况
中，物体均完全出水。从图中可见，对于给定的 $\bar{z}_c$，随着浸没参数的增加，物体的

速度越大。这很容易理解，因为初始物体深度越深，物体在水下加速过程中能获得的速度越大。根据公式 (5.2.18) 也可知，初始越深的物体越容易完全出水。

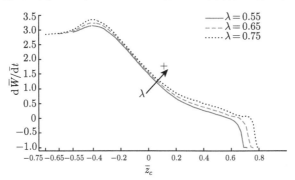

图 5.12   不同浸没参数下物体加速度随型心位移的变化曲线[2]

图 5.12 提供了不同浸没参数下物体加速度随型心位移的变化曲线。从图中可见，所有工况下物体的加速度曲线的趋势是类似的。浸没参数越大，同一深度物体的加速度越大。表明对于加速度而言，最主要的力是物体的浮力。流体力的变化与加速度类似，因为所有工况中物体的附加质量是一致的，所以这里不再赘述流体力的变化。

5.5   圆球体完全自由出水

在椭球体的基础上，本节进一步讨论圆球体完全自由出水问题。实际上圆球体可以看作无量纲短轴半径 $\bar{a} = 1/2$ 的椭球体。但是由于圆球体自身的特点与细长体不一样，SBT 理论也无法应用，本节将单独对圆球体进行研究。

5.5.1   数值与实验对比

本小节联合实验和数值方法对圆球自由出水进行研究。在模型试验中，采用的 1 号模型是直径 $L = 140\text{mm}$ 的空心不锈钢圆球，模型的质量 $M = 0.15\text{kg}$，相应的密度 $\rho \approx 0.1 \times 10^3 \text{kg/m}^3$，远小于水的密度，满足完全自由上浮出水的要求。圆球初始时刻处于水面之下，圆球顶点距离水面的高度 $D = 140\text{mm}$。在此条件下，浸没参数 $\lambda = h/L = (D + L/2)/L = 1.5$。在数值模拟中所有参数与模型试验一致。实验中高速摄影机的采用频率为 2000Hz。和前文类似，在图 5.13 中给出了本次实验中自由面随时间变化的实验图像 (上) 和模拟曲线 (下) 的对比。

从图 5.13 中可以看出，自由出水过程中自由面变化的实验值和数值解在时间和空间都很好地吻合。在初始时刻电磁铁将模型释放后，圆球会在净浮力的作用下向上移动，如图 5.13(a) 所示。在 $t \approx 147\text{ms}$ 时刻的图 5.13(b) 为圆球上顶点和静水面平齐的图像。在图 5.13(c) 中，圆球不断接近自由液面，自由面会向上隆起产生水冢现象。随着模型的继续向上运动，自由液面最终被撕裂，圆球向上浮出水面，如图 5.13(d)~(e) 所示。由于本次实验所选用的圆球模型密度为 $\rho \approx 0.1 \times 10^3 \mathrm{kg/m}^3$，远小于水的密度，可以预见，物体在破开水面后会继续向上移动，而不是重新落入水中，如图 5.13(f) 所示。另一方面，自由面隆起产生的水柱规模如图 5.13(g) 中所示，远大于前文定速出水中相应的现象。在图 5.13(h) 中可以看出，在出水的最后阶段，空气会被困在圆球下表面附近形成空腔。Colicchio 等 [8] 也观察到了这一物理现象，他们估计这一区域的压力是相当低的。在随后的运动中，圆球将继续上升达到最大高度，然后在重力的作用下重新向下运动落入自由面内，这一部分的工作暂不在本书研究范围。

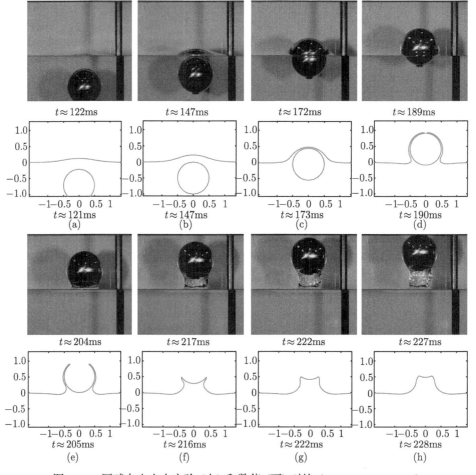

图 5.13   圆球自由出水实验 (上) 和数值 (下) 对比 ($\bar{\rho}_{\mathrm{B}} \approx 0.1$, $\lambda = 1.5$)

5.5.2 数值模拟分析

本小节中，将采用 BEM 进一步分析 $\bar{\rho}_B = 0.2$，$\lambda = 0.55$ 的圆球体自由出水问题。根据 5.4.4 小节中的关于 BEM 完全出水的判定准则，计算发现此时圆球体将完全出水。

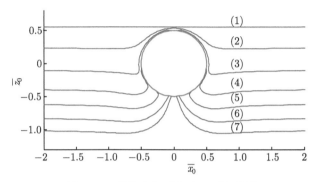

图 5.14 牵连坐标系中自由面变化[2]

其中 (1): $\bar{t}=0$, $\bar{z}_c = -0.55$, (2): $\bar{t} \approx 0.6804$, $\bar{z}_c \approx -0.2354$, (3): $\bar{t} \approx 0.9902$, $\bar{z}_c \approx 0.1005$, (4): $\bar{t} \approx 1.2120$, $\bar{z}_c \approx 0.4067$, (5): $\bar{t} \approx 1.3360$, $\bar{z}_c \approx 0.6106$, (6): $\bar{t} \approx 1.4582$, $\bar{z}_c \approx 0.8213$, (7): $\bar{t} \approx 1.5716$, $\bar{z}_c \approx 1.0050$

图 5.14 给出了原点固连在椭球体型心的牵连坐标系 $O\text{-}\bar{x}_0\bar{y}_0\bar{z}_0$ 中自由面形态的变化曲线。与图 5.7 对比可发现，作为非细长体的圆球而言，当物体穿透自由面后，自由面的射流变得更长，同时射流根部具有更大的曲率。根据 Wu 和 Sun(2014) 的讨论，较大的曲率通常对应较大的压力梯度和局部压力。所以可以预见，在圆球体的射流根部，会有较大的流体力作用在物体上，从而呈现更强烈的水动力效应。为了对比细长体与圆球体的区别，本小节保持 $\bar{\rho}_B = 0.2$ 和 $\lambda = 0.55$ 不变，分别选取无量纲短轴半径 $\bar{a}=1/8$、$1/4$ 和 $1/2$(即圆球)，观察物体肥胖度对速度，加速度和流体力的影响。

图 5.15 给出了不同短轴半径下物体速度随型心位移的变化曲线，所有工况中物体均完全出水。从图中可见，同一初始浸深条件下，物体越细长，上升过程中物体速度越大，物体出水时间越早，脱离自由面时水面的位移越小。另一方面，对于圆球而言，后期速度具有明显的峰值，说明加速度在此处会有符号变化，将从峰值左侧的正值迅速进入峰值右侧的负值。

图 5.16 给出了不同短轴半径下物体速度随型心位移的变化曲线。从图中可见，物体越细长，初始的加速度越大。我们注意到，对于不同物体，浮力和重力的比值是一样的。所以加速度的大小则很大程度上依赖于附加质量与质量的比值，即附加质量系数。可以预见，物体越细长，附加质量系数越小，则物体的加速度越大。实际上，由公式 (5.1.16) 可知，在初始时刻 $\dfrac{\mathrm{d}\bar{W}}{\mathrm{d}\bar{t}} = \dfrac{1 - \bar{\rho}_B}{\bar{\rho}_B + k_s}$。因为附加质量系数 k_s 随

着物体变细而下降 [9]，所以加速度 $\mathrm{d}\bar{W}/\mathrm{d}\bar{t}$ 随着 $\bar{a}$ 的减小而增大。对于 $\bar{a}=1/8$ 和 $1/4$ 两种工况，$\mathrm{d}\bar{W}/\mathrm{d}\bar{t}$ 都是先增加，然后一直下降直至 -1。然而对于 $\bar{a}=1/2$ 的圆球工况，加速度在物体完全出水之前会有个上升的峰值，然后迅速降低至 -1。这个峰值的产生就是因为图 5.14 中的射流根部的高压区导致的，在物体即将脱离水面之前，射流根部的曲率很大，产生很大的压力梯度和局部压力，从而给圆球以向上的推力。当然，在物理实验中，此时物体下部已经捕获了气穴，此处压力可能反而很低。

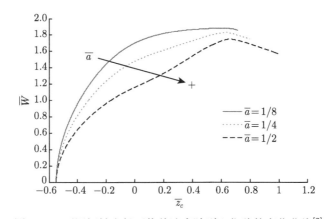

图 5.15 不同短轴半径下物体速度随型心位移的变化曲线[2]

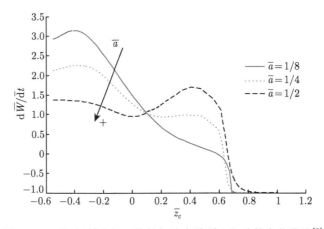

图 5.16 不同短轴半径下物体加速度随型心位移的变化曲线[2]

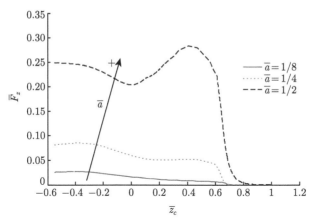

图 5.17　不同短轴半径下流体力随型心位移的变化曲线[2]

图 5.17 给出了不同短轴半径下流体力随型心位移的变化曲线。结合图 5.16 可发现，尽管"肥胖"的物体初始的加速度较小，但是却一直具有较大的流体力。由公式 (5.1.17) 可知，在初始时刻 $\bar{F}_z = \frac{2}{3}\pi\bar{a}^2\bar{\rho}_{\mathrm{B}}\left(\dfrac{1-\bar{\rho}_{\mathrm{B}}}{\bar{\rho}_{\mathrm{B}}+k_s}+1\right)$。附加质量系数 k_s 随着 $\bar{a}$ 增加的速率低于 $\bar{a}^2$，所以最终流体力随着的 $\bar{a}$ 增加而增加。同样地，可以观测到，圆球的流体力在物体完全脱离水面之前有个上升的峰值，而后迅速降低为 0。峰值产生的原因同加速度，也是由于大曲率射流根部的局部高压导致的。

5.5.3　物理参数影响

本小节主要考虑物体密度 $\bar{\rho}_{\mathrm{B}}$ 和浸没参数 λ 两个参数对圆球 ($\bar{a}=1/2$) 的影响。

1. 物体密度 $\bar{\rho}_{\mathrm{B}}$

在研究物体密度的影响时，保持物体的初始浸没参数 $\lambda=0.55$ 不变，取 $\bar{\rho}_{\mathrm{B}}=0.1$、0.2 和 0.3，研究圆球完全出水条件下物体密度的影响。

图 5.18 是圆球所受到的垂直方向的流体力随时间的变化曲线。从图中可以看到，垂直方向的流体力在经过初始阶段的减小后开始增加，并在圆球完全出水前达到最大值，当物体脱离后迅速减小为 0。在初始阶段密度越大的物体所受到的流体力也越大，这和式 (5.1.17) 得到的 $t=0\mathrm{ms}$ 时刻物体的流体力相类似。但是密度较小的物体能够达到的流体力峰值较大，而且时间也比较早。如前所述，峰值的产生是因为在圆球自由出水过程中，物体表面会在初始阶段附着有射流，随着物体射流根部的曲率逐渐增大，该射流根部会对物面产生局部高压区，当射流处于圆球下表面时会产生明显的向上推力，密度越小的圆球出水时间越早，射流脱落的速度越快，产生的推力越明显。

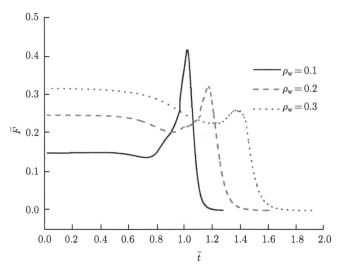

图 5.18   不同密度下圆球的流体力曲线图

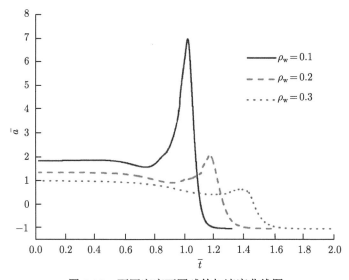

图 5.19   不同密度下圆球的加速度曲线图

图 5.19 为不同密度下圆球出水的加速度曲线图。图中圆球的加速度曲线在经过初始阶段的下降后出现上升趋势，并在物体脱离水面前达到峰值，随后加速度迅速下降变为自由落体加速度。这和图 5.18 中流体力的变化趋势是一致的。另一方面，随着密度的增加，物体在初始时刻的加速度变小。这可以由式 (5.1.16) 解释，在 $t=0$ms 时刻，密度较小物体具有较大的加速度。

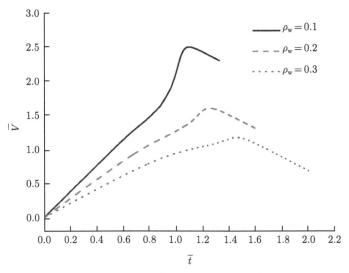

图 5.20 不同密度下圆球的速度曲线图

图 5.20 给出了不同密度的圆球在同一浸没深度下出水速度随时间的变化曲线。从图中可以看出，圆球自由出水过程中，密度较小的物体速度增加得比较快。此外，速度曲线有个明显的波峰，两侧具有较大的梯度，这意味着加速度由正值转为负值，特别对于密度为 $\bar{\rho}_B = 0.1$ 的工况，速度峰值比较明显，这些和图 5.19 中加速度的变化曲线都是相符合的。

2. 浸没参数 λ

本小节将采用模型实验和数值模拟研究浸没参数的影响。保持物体的密度 $\bar{\rho}_B = 0.1$ 不变，改变 λ 为 0.75、1.00 和 1.50。相关的实验数据记录在表 5.1 中。

表 5.1 不同浸没深度 D 下圆球自由出水过程中最大速度和对应时刻的实验 (V_{m1}、T_{m1}) 和数值 (V_{m2}、T_{m2}) 对比

工况	D/mm	λ	W_{m1}/(m/s)	W_{m2}/(m/s)	T_{m1}/ms	T_{m2}/ms
20	35.00	0.75	2.45	2.41	164.5	162.7
21	70.00	1.00	2.61	2.55	186.8	185.1
22	140.00	1.50	3.06	2.96	221.8	215.4

通过改变初始时刻圆球顶点的浸没深度 D 做了多组实验，如表 5.1 所示。表中所示的全浸没自由出水所能达到的最大速度值 V_m 和对应所需的时间 T_m，在不同浸没深度下的实验值和数值解具有较好的相似性。从表中可以看出，初始时刻的浸没深度越深或者浸没参数越大，自由出水中圆球达到的最大速度值就越大，相对应的到达时刻就越晚，这是因为需要较长的加速时间。

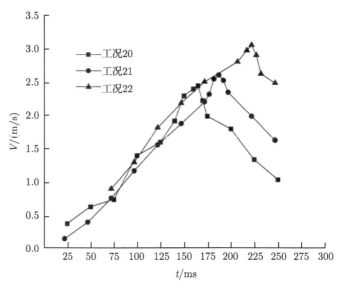

图 5.21　不同初始浸没深度下圆球速度随时间的变化

图 5.21 给出了圆球全浸没自由出水实验中, 在不同的初始浸没参数 λ(如表 5.1 所示) 下, 圆球速度随时间的变化曲线。总体而言, 模型实验中速度的变化趋势与图 5.20 的数值模拟是吻合的。在圆球出水之前, 物体上受的力包括静水力 (浮力, 表现为推力)、动水力 (附加质量力, 表现为阻力) 和重力。由于本次使用的模型密度远小于水的密度, 向上的浮力远大于其余两种, 物体快速向上移动。在图 5.21 中可以看出, 速度的斜率或者加速度基本是恒定的, 这是因为当物体处于水下时, 附加质量力基本保持不变。当水膜撕裂后, 如工况 22 对应的图 5.13(f), 浮力和附加质量力都在不断减少, 对应的加速度也在逐渐减小。当物体继续向上移动, 总的流体作用力减小到和重力相同时, 加速度为 0, 速度达到最大值, 如工况 22 中图 5.13(i) 所示。在这之后, 空气被捕获在自由面隆起的水柱中, 物体所受到的流体力变得非常小, 物体将主要在重力的影响下移动, 其速度将急剧减小。从图 5.21 可以看出, 物体在速度峰值时刻附近受到的作用力发生剧烈变化。另一方面, 初始时刻的浸没参数 λ 越大, 物体的加速阶段就会越长, 所达到的最大速度也越大。

5.6　椭球体自由出水再入水

如 5.4 节所述, 当 $\bar{\rho}_{B,c} < \bar{\rho}_B < 1$ 时, 物体将在浮力作用下先出水, 然后再完全出水之前再次入水 [10]。本节中就将对密度大于完全出水临界密度的轻质椭球体的自由出水再入水进行模型实验和数值模拟研究。在数值模拟中, 需要采用 5.3 节的水面融合数值处理方法。

5.6.1 数值与实验对比

在初始时刻,椭球的参数如下:长轴半径 $b = 300\text{mm}$,短轴半径 $a = 75\text{mm}$,长短径比例 $b/a = 4$。椭球质量 $M = 6.78\text{kg}$,密度 $\rho_B \approx 0.96 \times 10^3 \text{kg/m}^3$。椭球体初始处于水面之下,上顶点和静水面之间的距离 $D = 245\text{mm}$,则此时刻模型中心点距离静水面的高度 $h = D + b = 545\text{mm}$ 了,初始浸没参数 $\lambda = h/L = 0.91$。由于模型的密度稍小于水的密度,在水中的向上加速度比较小,为了获得比较理想的出水效果图,选择了较大的初始浸没深度,增加了自由出水过程中的加速距离,但是对应的实验周期增大,因此本次实验的采样频率 $f = 1000\text{Hz}$,相应的实验图像的间隔时间 $\Delta t_p = 1.0\text{ms}$。数值模拟的参数与模型实验选取一致。

图 5.22 给出了椭球自由出水再入水实验过程中,自由面变化的实验图像和数值结果在相近时刻的对比结果。可以看出,两者图像中自由面在相近时刻的位置和形状基本能够吻合,这表明本节采用的实验技术和数值方法是有效的。由于前文所述的采用频率选取原因,本次实验中初始时刻的浸没深度较大,在初始时刻模型并未出现在高速摄影机的观测范围内,而且本次实验中的初始阶段,椭球速度和加速度都比较小,对自由面的扰动很小可以忽略不计,因此图 5.22(a) 中的时刻选取为 $t \approx 944\text{ms}$,可以看出自由液面仍处于较为平静的状态。随着模型的继续加速上述,模型上方的自由面会被顶起,出现和定速出水类似的水冢现象,如在 $t \approx 1222\text{ms}$ 时刻的图 5.22(b) 所示,该时刻也是椭球上顶点和自由面平齐的时刻。在 $t \approx 1248\text{ms}$ 的图 5.22(c) 中,自由面的水冢达到最大高度,自由面将在下一时刻被模型撕裂。在自由液面被破开模型穿透水面的过程中,自由面的变化和图 4.6 中定速出水时的规律类似。物面附近的自由面吸附在物面上形成液体薄膜,薄膜端点的高度在 $t \approx 1297\text{ms}$ 的图 5.22(d) 中达到峰值,当椭球继续上浮出水时,薄膜端点沿着物面向下滑动如图 5.22(e) 所示,在图 5.22(f) $t \approx 1432\text{ms}$ 时刻达到一个低谷。随后椭球附近的自由面在惯性的作用下产生小幅的自由振荡,如图 5.22(g)~(h) 中所示。随着椭球出水后排水体积也越来越小,相应的浮力和加速度也不断减少;当物体的浮力小于重力后,加速度的方向变为竖直向下,椭球上浮速度减少直至为 0,此时物体上浮高度达到最大值,如 $t \approx 1754\text{ms}$ 时图 5.22(i) 中所示。随后模型开始向下移动重新落入水中,如图 5.22(j)~(l) 所示。在模型上顶点重新落入静水面之下后,附近的自由面会在流体惯性效应的影响下随着物面落入水中下凹形成气柱现象,如图 5.22(m) 中所示,在 $t \approx 2332\text{ms}$ 时刻下凹达到最大深度,下一时刻物面和自由面将会重新分离。在本文中该分离时刻的判断标准和物体出水时水柱脱离类似,即气柱最小直径小于 1% 的物体直径的时刻。数值模拟中将采用 5.3 节中的水面融合数值处理方法。当自由面和物体表面断裂分离后,在自由面和物体之间会形成局部高压区,在此高压区的作用下,会将自由液面顶起形成小的高速射流,如图 5.22(n)~(p) 中所示。且有可能在射流尖端形成小水滴 [11]。

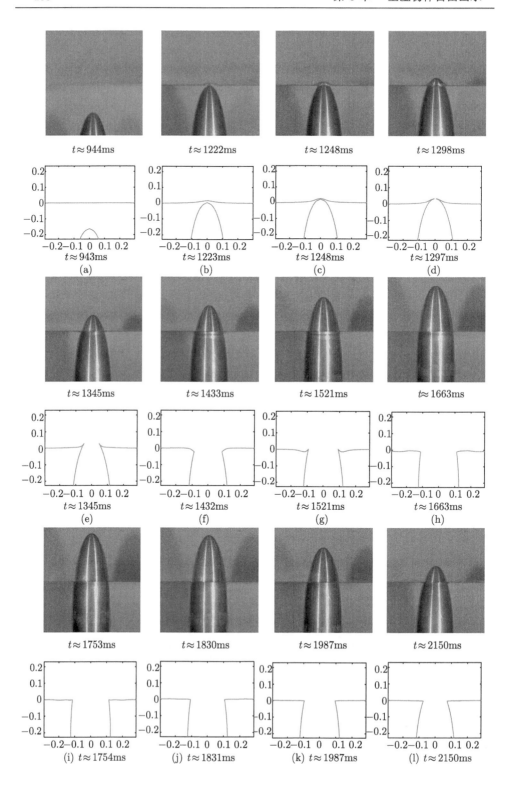

$t \approx 944\text{ms}$　　　$t \approx 1222\text{ms}$　　　$t \approx 1248\text{ms}$　　　$t \approx 1298\text{ms}$

$t \approx 943\text{ms}$　　　$t \approx 1223\text{ms}$　　　$t \approx 1248\text{ms}$　　　$t \approx 1297\text{ms}$

(a)　　　　　　　　(b)　　　　　　　　(c)　　　　　　　　(d)

$t \approx 1345\text{ms}$　　　$t \approx 1433\text{ms}$　　　$t \approx 1521\text{ms}$　　　$t \approx 1663\text{ms}$

$t \approx 1345\text{ms}$　　　$t \approx 1432\text{ms}$　　　$t \approx 1521\text{ms}$　　　$t \approx 1663\text{ms}$

(e)　　　　　　　　(f)　　　　　　　　(g)　　　　　　　　(h)

$t \approx 1753\text{ms}$　　　$t \approx 1830\text{ms}$　　　$t \approx 1987\text{ms}$　　　$t \approx 2150\text{ms}$

(i) $t \approx 1754\text{ms}$　　(j) $t \approx 1831\text{ms}$　　(k) $t \approx 1987\text{ms}$　　(l) $t \approx 2150\text{ms}$

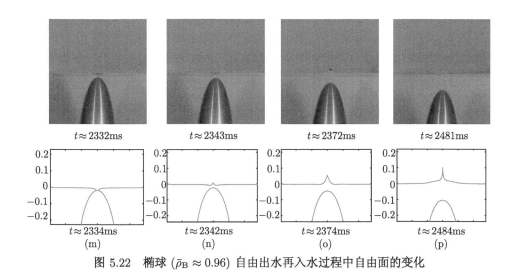

$t \approx 2332\text{ms}$ $t \approx 2343\text{ms}$ $t \approx 2372\text{ms}$ $t \approx 2481\text{ms}$

$t \approx 2334\text{ms}$ $t \approx 2342\text{ms}$ $t \approx 2374\text{ms}$ $t \approx 2484\text{ms}$

(m)   (n)   (o)   (p)

图 5.22   椭球 ($\bar{\rho}_B \approx 0.96$) 自由出水再入水过程中自由面的变化

5.6.2 物理参数影响

本小节主要考虑物体密度 $\bar{\rho}_B$ 和浸没参数 λ 两个参数对 $\bar{a}=1/8$ 的椭球体出水再入水的影响。

1. 物体密度 $\bar{\rho}_B$

在研究物体密度的影响时，保持物体的初始浸没参数 $\lambda = 0.91$ 不变，取 $\bar{\rho}_B=0.76$、0.86 和 0.96，研究椭球体出水再入水下物体密度的影响。

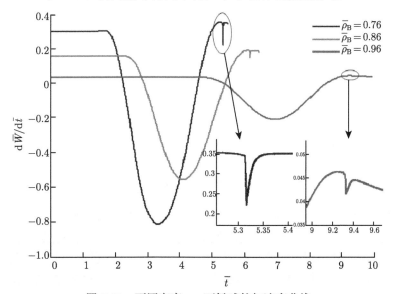

图 5.23   不同密度 $\bar{\rho}_B$ 下椭球的加速度曲线

　　图 5.23 是当 $\varepsilon=0.91$ 时, 不同密度的椭球的加速度随时间的变化曲线。和图 5.19 中圆球的加速度变化类似, 密度较小的物体初始时刻的加速度较大。自由面的破裂不会影响加速度的连续性。在自由面破裂后, 随着流体力的减小, 加速度也随之减小, 重力加速度的作用越来越大, 当物体达到和图 5.22(i) 中类似的最高点后, 向下的加速度达到最大值。值得注意的是, 当物体再次入水之后, 加速度会产生一个小的局部波谷, 然后迅速恢复。从局部放大图可见, 无论物体密度的大小, 均存在此波谷, 且密度越小, 波谷的幅值越大。这说明物体在入水后的短暂瞬间, 遭受了一个瞬时向下的力, 但此力存在的时间很短。实际上, 这个瞬时力是和自由面融合有关的。当自由面融合瞬间后, 在自由面下物体之上会存在很小的局部高压区, Ni 等 [12] 在研究气泡在自由面的破裂过程时也发现了类似的局部高压区, 恰是这个局部高压区促使自由液面向上运动形成小的射流, 同时给予物体以向下的推力。但是这个局部高压区存在的时间非常短暂, 类似于冲量的作用, 所以加速度很快即恢复自由面融合前的状态, 而自由面将在惯性的作用下继续向上运动, 但很快也将达到峰值并在重力的作用下下降并振荡。

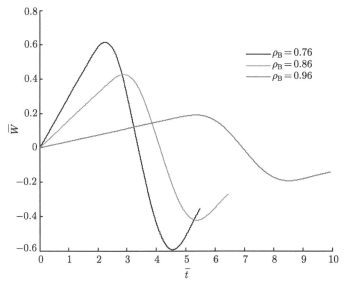

图 5.24   不同密度 $\bar{\rho}_B$ 下椭球的速度曲线

　　图 5.24 为上述工况中椭球的速度-时间曲线。从中可见, 密度越小的物体的速度越大, 从而出水和再次入水的时间越早。结合图 5.23, 尽管物体的加速度在自由面融合后的瞬间会出现一个小的波谷, 但是由于局部高压区存在的时间特别短暂, 类似于一个冲量的作用, 所以并不会影响物体速度的变化曲线。故图 5.24 在自由面融合后依然是连续的。

2. 浸没参数 λ

本小节将采用模型实验和数值模拟研究浸没参数的影响。保持物体的密度 $\bar{\rho}_B = 0.96$ 不变, 改变 λ 为 0.75、0.83 和 0.91。相关的实验数据记录在表 5.2 中。

表 5.2 椭球自由出水再入水时浸没参数 (λ) 的影响

工况	D/mm	ε	W_{m1}/(m/s)	W_{m2}/(m/s)	T_{m1}/ms	T_{m2}/ms
23	150.00	0.75	0.087	0.094	935	1087
24	200.00	0.83	0.102	0.105	1168	1204
25	245.00	0.91	0.110	0.114	1213	1290

表 5.2 是不同浸没参数下, 椭球自由出水过程中的最大速度值和所需时间的实验值 (W_{m1}、T_{m1}) 和数值解 (W_{m2}、T_{m2}) 对比结果, 可以看出两者基本一致。和表 5.1 圆球实验的结果类似, 随着初始浸没参数 λ 的减小, 椭球所能达到的最大速度减小, 所需要的时间跨度缩短。

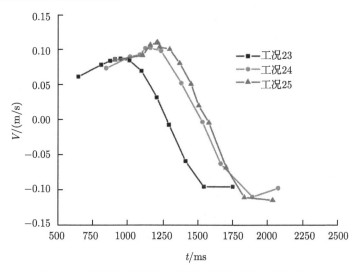

图 5.25　不同浸没参数 λ 下椭球体速度随时间的变化

图 5.25 是实验中椭球在不同浸没参数下的速度随时间的变化曲线。可以看出, 物体速度随着浸没参数的增加而增大, 同时物体将有一个更长的加速运动过程, 速度达到的最大值也更大, 如表 5.2 所示。另一方面, 和完全出水运动不同, 在前期椭球处于加速运动状态直到达到一个峰值, 之后速度下降到 0 点, 此时物体上升的高度最大。此后, 速度出现负值即椭球开始向下运动, 并重新下落入水, 之后就是一个自由入水的问题, 如图 5.22(i)~(p) 所示。此外, 结合图 5.24, 可以看出, 在相同的时间跨度内, 图 5.25 和图 5.24 的速度变化曲线具有类似的趋势。对于 $\lambda = 0.91$, $\rho_B = 0.96$ 的工况下, 实验值和数值解基本吻合, 再次验证本次模型实验

和数值计算是有效的。在实验中，椭球随后将在自由面附近反复震荡，并最终静止漂浮于水中，这超出了本书的研究范围暂不予讨论。

5.7　本章小结

本章主要通过物理实验和数值模拟两方面研究全湿物体自由出水的全过程。首先，采用辅助函数法将物体的运动和包括附加质量力在内的流体力解耦，达到在当前时间步内即时获得物体加速度和流体力的方法；其次，基于自由面为静水面的假设推导细长体理论，获得物体在浮力作用下完全跳出水面的临界密度；再次，对密度大于临界密度的椭球体的出水再入水的数值融合技巧进行了描述。在此基础上进行了系统的数值模拟和实验研究，包括密度低于临界密度的椭球体和圆球体的完全自由出水，以及密度高于临界密度的椭球体的自由出水再入水，主要获得了以下的一些结论。

对于自由出水物体而言，物体的密度是核心控制因素。就椭球体而言，存在一个临界密度将物体完全自由出水和部分自由出水区分开：基于细长体理论，通过推导可获得此物体临界密度为 $\rho_{B,c} = \dfrac{h}{h+b}\rho$，其中，$h$ 是椭球体型心的初始浸没深度，b 是椭球体的半长轴，ρ 是流体密度。考虑到 $h > b$，通过观察可以发现无量纲临界密度为 $\dfrac{1}{2} < \bar{\rho}_{B,c} < 1$。当初始浸没深度 h 越大时，无量纲临界密度 $\bar{\rho}_{B,c}$ 越大，表明在此种条件下即使密度较大的物体也能完全出水。

在物体完全自由出水的情况下，低密度物体总是比高密度物体具有更大的加速度，这是因为它们具有同样的浮力和附加质量，而低密度物体的重量轻，净浮力更大。但是对于流体力而言，在初始时刻，却是高密度物体具有更大的流体力。这是因为流体力是静水力 (浮力) 和动水力 (附加质量力) 的合力，高密度物体具有低的加速度同时具有相同的附加质量，导致向下的附加质量力较低，从而向上的流体合力较大。

在相同的密度条件下，细长体自由出水过程中的速度总是比 "肥胖" 体更大。对于圆球出水而言，当物体完全脱离自由面之前，物体表面压力和流体力均会有个峰值。这主要是由于贴服于肥胖体下表面的水层具有较大的曲率。通过计算可知，自由面较大曲率的地方对应的压力梯度和压力都较大，所以物体在流体较大的压力的作用下会产生一个向上的推力。但是这个推力随着流体与物体的脱离而迅速下降并减小为 0。

从实验中可以观察到，当轻质圆球自由出水后，在出水后期，因为物体后方的漩涡与自由面相互作用，会在圆球底面产生低压区。低压区的存在会捕获大量的空气，使得流体力迅速降低。

参 考 文 献

[1] Ni B Y, Wu G X. Water exit of a light body fully submerged initially [A]. //31st International Workshop on Water Waves and Floating Bodies [C], Michigan, USA, 2016.

[2] Ni B Y, Wu G X. Numerical simulation for water exit of an initially fully-submerged buoyant spheroid in an axisymmetric flow [J]. Fluid Dynamics Research, 2017, 49: 045511.

[3] Wu G X, Eatock Taylor R. The coupled finite element and boundary element analysis of nonlinear interactions between waves and bodies [J]. Ocean Engineering, 2003, 30: 387–400.

[4] Wu G X. Hydrodynamic force on a rigid body during impact with liquid [J]. Journal of Fluid Structures, 1998, 12: 549–559.

[5] Wu G X, Hu Z Z. Simulation of non-linear interactions between waves and floating bodies through a finite-element-based numerical tank [J]. Proceeding of Royal Society A, 2004, 460: 2797–2817.

[6] Mackie A G. A linearized theory of the water entry problem [J]. The Quarterly Journal of Mechanics and Applied Mathematics, 1962, 15(2): 137–151.

[7] Newman J N. Marine hydrodynamics [M]. Cambridge, USA: MIT Press, 1977.

[8] Colicchio G, Greco M, Miozzi M, et al.Experimental and numerical investigation of the water-entry and water-exit of a circular cylinder [A],// 24th International Workshop on Water Waves and Floating Bodies [C], Zelenogorsk, Russia, 2009.

[9] Lamb H. Hydrodynamics [M], 6th edition. Cambridge, UK: Cambridge University Press, 1932.

[10] Ni B Y, Wu Q G. Numerical and experimental study on water exit and re-entry of a fully-submerged buoyant body[A]. //32nd International Workshop on Water Waves and Floating Bodies[C], Dalian, China, 2016.

[11] 倪宝玉, 李帅, 张阿漫. 气泡在自由液面破碎后的射流断裂现象研究 [J]. 物理学报, 2013, 62(12): 124704.

[12] Wu G X. Simulation of a fully submerged bubble bursting through a free surface [J]. European Journal of Mechanics B/Fluids, 2016, 55: 1–14.

第 6 章　带泡物体出水

当物体运动速度较高时，在物体头肩部等曲率变化较大的地方，会因为局部流体压力低于当地饱和蒸气压，而产生空泡现象。空泡现象的产生会对物体的运动姿态和载荷等问题产生剧烈的影响。为了解决这一难题，一种有效途径是在物体表面充入气泡，通过气泡的引入，将空泡内压提升，改变气泡在自由表面的破裂模式，从而降低空泡溃灭时流体对物体的砰击力。

针对上述现象，本章将工程实际问题简化为简单的力学模型，分别建立带有空泡物体和带有气泡物体的数值模型，并进行数值求解，最终获得带有气泡物体出水过程。具体如下：首先，建立带有空泡物体水下运动的基本模型，考虑空泡现象的特殊特点，补充介绍求解空泡问题的数值处理方法；其次，建立带有气泡物体水下运动、接近水面和穿透水面的数值模型，考虑到气泡在自由面破裂的特殊特点，对气泡在自由面处破裂进行特殊的数值处理，从而完成带有气泡物体出水的过程；最后，在此基础上，对带有空泡物体水下运动，带有气泡物体水下运动、接近水面和穿透水面的全过程进行系统的数值模拟。

6.1　带有空泡物体运动的基本理论

采用基于势流理论的边界元法求解带有空泡物体运动过程中的流场，具体而言，即在物体表面和空泡表面分布源汇和偶极，根据物体表面和空泡表面满足的不同边界条件求解未知量，从而进一步确定空泡收敛形态和物体表面压力系数。本书第 2 章中对于非定常运动的完全非线性方法进行了详细的描述，本节中主要补充定常运动阶段空泡问题的求解方法，以及数值迭代方法等。

6.1.1　控制方程和边界条件

考虑距离自由面很远的带有空泡物体以某一定速航行阶段，这里忽略自由面和重力的影响，则根据相对运动原理，取固连于弹体表面的动坐标系观察流体运动，此时流体为定常流动。设物体的扰动速度势为 ϕ，无穷远来流为 $\boldsymbol{W}_\infty$，场点矢量为 $\boldsymbol{X} = (X, Y, Z)$，则全速度势 Φ 可表示为远方来流速度势 Φ_∞ 和扰动速度势 ϕ 的叠加：

$$\Phi = \Phi_\infty + \phi = \boldsymbol{W}_\infty \cdot \boldsymbol{X} + \phi \tag{6.1.1}$$

如第 2 章所述，全速度势 Φ 满足拉普拉斯方程 (2.1.1)，故扰动速度势 ϕ 也满足拉

普拉斯方程:

$$\nabla^2 \phi = 0 \tag{6.1.2}$$

扰动速度势满足的边界条件如下: 在物体湿表面满足物面法向速度不可穿透条件,
即公式 (2.1.2) 可写为

$$\frac{\partial \phi}{\partial n} = -\boldsymbol{W}_\infty \cdot \boldsymbol{n} \tag{6.1.3}$$

在空泡表面满足的运动学条件也需要满足法向速度不可穿透条件, 或者流体速度
与空泡表面相切:

$$\nabla \Phi \cdot \boldsymbol{n}_c = 0 \tag{6.1.4}$$

式中, $\boldsymbol{n}_c$ 是空泡的法线方向, 在局部坐标系中存在:

$$\boldsymbol{n}_c = -\frac{\partial \varsigma}{\partial l} \boldsymbol{l} + \boldsymbol{n} \tag{6.1.5}$$

式中, $\boldsymbol{l}$ 是物体子午面内沿母线切向方向, $\boldsymbol{n}$ 是物体子午面内法向方向。

将公式 (6.1.5) 代入公式 (6.1.4) 中, 可得到空泡表面的运动学边界条件, 换言
之, 式 (2.1.7) 可进一步写作:

$$\frac{\partial \Phi}{\partial n} = \frac{\partial \Phi}{\partial l} \frac{\partial \varsigma}{\partial l} \tag{6.1.6}$$

在空泡表面满足的动力学边界条件如公式 (2.1.13) 所示, 这里忽略表面张力的影
响, 则对于定常物体而言, 可进一步写作:

$$P_v + \frac{1}{2}\rho |\nabla \Phi|^2 = P_\infty + \frac{1}{2}\rho W_\infty^2 \tag{6.1.7}$$

这里引入无量纲参数空化数:

$$\sigma = \frac{P_\infty - P_v}{\frac{1}{2}\rho W_\infty^2} \tag{6.1.8}$$

将公式 (6.1.8) 代入公式 (6.1.7) 中可得

$$\nabla \Phi = W_\infty \sqrt{1 + \sigma} \tag{6.1.9}$$

方程 (6.1.9) 两侧同时取平方, 并忽略二阶小量 $\left(\frac{\partial \Phi}{\partial n}\right)^2$, 则公式 (6.1.9) 可写作:

$$\frac{\partial \Phi}{\partial l} = W_\infty \sqrt{1 + \sigma} \tag{6.1.10}$$

公式 (6.1.10) 在空泡大部分区域是适用的, 但是当接近空泡末端时, 因为空泡尾部
需要闭合, 空泡内压会上升, 所以速度会降低。为了满足气泡尾部闭合条件, 参照
以往的文献 [1-3], 本书中选择压力恢复模型对速度进行修正。如图 6.1 所示, 假设

空泡初生点为 D, 闭合点为 L, 空泡总长度为 l_c; 假设 T 点到 L 点间的区域为空泡尾部闭合区, 对应的长度为 $(1 - \delta)l_c$。为确保空泡尾部最后的闭合条件, 修正后的公式 (6.1.10) 如下所示:

$$\frac{\partial \Phi}{\partial l} = W_\infty \sqrt{1 + \sigma} f(l) \tag{6.1.11}$$

式中, $f(l)$ 为修正函数, 具有如下形式:

$$f(l) = \begin{cases} 1, & l \leqslant \delta l_c \\ 1 - A \left(\dfrac{l - \delta l_c}{l_c - \delta l_c} \right)^\nu, & \delta l_c \leqslant l \leqslant l_c \end{cases} \tag{6.1.12}$$

其中, A, δ, ν 为常数, 从有关的空泡尾流实验中获得。除了压力恢复闭合模型外, 常用的尾流闭合模型还有镜像板模型、回射流模型、过渡流模型和压力恢复闭合模型[1-3] 等。

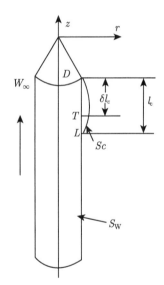

图 6.1　空泡末端闭合模型示意图

则空泡表面各节点速度势由 (6.1.12) 沿切向积分可得

$$\phi(l) = W_\infty \sqrt{1 + \sigma} \int_{l_0}^{l} f(l)\mathrm{d}l + \phi(l_0) + \boldsymbol{W}_\infty \cdot \boldsymbol{X}(0) - \boldsymbol{W}_\infty \cdot \boldsymbol{X}(l) \tag{6.1.13}$$

由于压力恢复闭合型为一种闭尾模型, 要求空泡尾部要在物体上, 即满足:

$$\varsigma(l_c) = 0 \tag{6.1.14}$$

这一条件是用来求解矩阵中多余的一个未知数的, 也可称为 "兼容性条件"。空泡起始位置也将对局部空泡回转体绕流的计算产生影响, 空泡初生的实际位置常在回转体全粘湿绕流时最小压力点稍后, 其位置只能通过实验确定。本书取最小压力点为空泡起始位置, 对于图 6.1 所示的数值模型, 空泡初生点 D 就选在锥头与圆柱的交接点处。

无穷远处边界条件满足物体的扰动趋近于 0, 即

$$\boldsymbol{\nabla}\phi \to 0, \quad (\sqrt{r^2 + z^2} \to \infty) \tag{6.1.15}$$

此外, 速度在轴对称体尾部需要为有限值, 即库塔条件:

$$\boldsymbol{\nabla}\phi < \infty \tag{6.1.16}$$

对于公式 (6.1.16), 由于本书采用的积分方法, 将控制点取在网格节点上, 则自动满足库塔条件。

6.1.2 迭代过程

为获得稳定的空泡形态和流动状态, 需要进行数值迭代。根据已知条件的不同, 可将数值迭代分为两类, 第一类是假设空泡长度已知, 求解未知的空泡形态和空化数。由于空泡长度已知, 则空泡尾部节点的位置固定, 可直接将空泡区域与物面区域分开, 分别满足各自的边界条件, 并进行积分求解。在第一步时可假定空泡面与物体表面重合, 但从第二步开始, 空泡面开始生长, 则空泡与物体自然分离。此后新的空泡面根据上一步计算得到的法向速度更新修正, 直到法向速度趋近于 0, 即空泡形态趋于稳定, 则计算达到收敛, 迭代停止。这一阶段通常称为 "内迭代" 阶段。第二类是假设空化数已知, 求解未知的空泡长度和空泡形态。在此阶段, 因为空泡长度未知, 所以在第一步需要猜测一个空泡长度, 并利用给定的空化数进行矩阵求解。这里需要注意的是, 因为空化数已知, 方程的未知数减少一个, 同时空泡长度是假定的, 所以空泡尾部闭合条件或兼容性条件 (6.1.14) 不需也无法满足, 所以此时可通过矩阵计算出空泡末端厚度 $\varsigma(l_c, \sigma)$, 且 $\varsigma(l_c, \sigma)$ 不一定为 0。需要应用牛顿迭代公式来求解 $\varsigma(l_c, \sigma)$, 如下:

$$l_{k+1} = l_k - \varsigma(l_k) \Big/ \frac{\partial \varsigma}{\partial l} \tag{6.1.17}$$

式中, $\frac{\partial \varsigma}{\partial l}$ 可分别由方程 (6.1.6) 计算获得。

采用公式 (6.1.17) 计算得到的空泡长度 l_c' 不一定是真实的空泡长度, 在下一步迭代中, 此 l_c' 将作为空泡长度的又一初值, 采用之前所述的 "内迭代" 过程, 计

算新的空化数。为了与 "内迭代" 过程区分，此过程称为 "外迭代" 过程。则整个迭代的具体流程如下：

(1) 采用 "外迭代" 过程，猜测一初始长度 l_c，在给定的空化数 $\sigma_0 = \sigma$ 下，通过 (6.1.20) 公式初步确定局部空泡长度 l'_c；

(2) 采用 "内迭代" 过程，求局部空泡长度 l'_c 下对应的空化数 σ'_0；

(3) 利用牛顿迭代求方程求 $\sigma'_0 - \sigma = 0$，得到一个新的空化数 $\sigma_1 = \sigma_0 - \dfrac{(\sigma'_0 - \sigma)}{1} = \sigma + (\sigma_0 - \sigma'_0)$；

(4) 采用 "外迭代" 过程，在局部空泡长度 $l'_{c(n-1)}$ 和空化数 σ_n 下，通过 (6.1.20) 公式确定局部空泡长度 $l_{cn}(n \geqslant 1)$；

(5) 采用 "内迭代" 过程，求局部空泡长度 l_{cn} 下对应的空化数 $\sigma'_0(n \geqslant 1)$；

(6) 利用牛顿迭代求方程求 $\sigma'_n - \sigma = 0$，得到一个新的空化数 $\sigma_{n+1} = \sigma_n - \dfrac{(\sigma'_n - \sigma)}{1} = \sigma + (\sigma_n - \sigma'_n)$；

(7) 重复 (4)~(6) 直至 $|\sigma'_n - \sigma| \leqslant \Delta\sigma$，其中，$\Delta\sigma$ 为给定的收敛精度。

通过前期计算发现，采用牛顿迭代法确定空泡长度和空化数时，初始值 l_c 的选取对收敛效率具有很大影响，假若 l_c 选取适宜，经过几次迭代即可收敛；假若 l_c 选取得与最终收敛解偏差太大，则可能会导致数值发散。这时建议采用牛顿下山法，通过选取适当的下山因子可增加收敛速率。

6.2 带有气泡物体运动的基本理论

图 6.2 给出了带有气泡物体出水的模型示意图，其中带气泡椭球头直立圆柱的总长度设为 L，其底面直径为 D，椭球顶部截面为长短轴之比为 2:1 的椭圆，半长轴为总长度的 1/6，柱体上附带气泡的初始半径 R_0 为总长的 1/40。物体的运动速度是 $W(t)$，在这里定义了固连于物体的牵连笛卡儿坐标系 $O\text{-}xyz$ 和对应的柱坐标系 $O\text{-}r\theta z$，原点 O 位于柱体底部的中心。z 轴的正方向为竖直向上并且穿过物体的中心。当物体沿 z 轴运动时，流场是轴对称的。

6.2.1 控制方程和边界条件

如第 2 章所述，对于牵连坐标系中，拉格朗日系中气泡表面的运动学和动力学边界条件[4] 如下：

$$\frac{Dr}{Dt} = \frac{\partial\Phi}{\partial r}, \quad \frac{Dz}{Dt} + W(t) = \frac{\partial\Phi}{\partial z} \tag{6.2.1}$$

$$\frac{D\Phi}{Dt} = \frac{P_\infty - P_v - P_0(V_0/V)^\iota}{\rho} + \frac{1}{2}|\boldsymbol{\nabla}\Phi|^2 - g\left[z + \int_0^t W(t)\mathrm{d}t\right] + \frac{\tilde{\sigma}\kappa}{\rho} \tag{6.2.2}$$

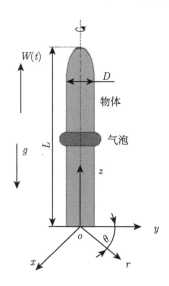

图 6.2　带气泡物体模型示意图

对应的无量纲形式为

$$\frac{D\bar{r}}{D\bar{t}} = \frac{\partial \bar{\Phi}}{\partial \bar{r}}, \quad \frac{D\bar{z}}{D\bar{t}} = \frac{\partial \bar{\Phi}}{\partial \bar{z}} - \bar{W}\left(\bar{t}\right) \tag{6.2.3}$$

$$\frac{D\bar{\Phi}}{D\bar{t}} = \frac{\sigma}{2} - \frac{\zeta\sigma}{2}\left(\frac{V_0}{V}\right)^{\gamma} + \frac{1}{2}\left|\boldsymbol{\nabla}\bar{\Phi}\right|^2 - \frac{\bar{z} + \displaystyle\int_0^{\bar{t}} \bar{W}\left(\bar{t}\right)\mathrm{d}\bar{t}}{Fr^2} + \frac{\bar{\kappa}}{We} \tag{6.2.4}$$

式中, $\sigma = \left(P_\infty - P_v\right)/\left(\rho W_0^2/2\right)$ 为空化数, $\zeta = P_0/\left(P_\infty - P_v\right)$ 是气泡的强度参数, 韦伯数 We 和傅汝德数 Fr 的定义与第 2 章一致。

　　考虑到有气泡问题的研究中, 气泡节点的加速度必须控制在一个特定的范围内以保证数值稳定性, 故时间步长的控制主要依据公式 (2.3.28) 的变形, 即

$$\bar{t} = \Delta\psi / \max\left\{\frac{\sigma}{2} - \frac{\varsigma\sigma}{2}\left(\frac{V_0}{V}\right)^{\gamma} + \frac{\bar{\kappa}}{We} + \frac{1}{2}\left|\boldsymbol{\nabla}\bar{\phi}\right|^2 - \frac{\bar{z} + \displaystyle\int_0^{\bar{t}} \bar{W}\left(\bar{t}\right)\mathrm{d}\bar{t}}{Fr^2}\right\} \tag{6.2.5}$$

在上面的方程中, 速度势的变化量会被控制在一定范围内以保证计算结果的稳定性和准确性, 其中 $\Delta\psi$ 的取值将在 8.2.1 节中讨论。有关 BEM 方法以及其他数值处理方法例如交界点的特殊处理等均可参见第 2 章, 这里不再赘述。此外, 当贴体气泡自身体积较小时, 流体的黏性效应也可能对气泡的运动状态具有一定影响。一种有效的考虑这种黏性效应的方法是采用气泡边界层理论[5], 在势流理论的基础上将黏性效应限制在距离气泡很近的边界层内, 有关的数学推导请参见附录 1。但

考虑到本书的贴体气泡体积较大,在正文中并不考虑黏性效应的影响,有关黏性效应的影响可参见作者的博士论文[6] 和其他文献[7,8] 等。

在本章后续的描述中,如无特殊说明,所有物理量均为无量纲值,对应图形的横纵坐标也是无量纲的。

6.2.2 气泡在自由面破裂的处理方法

物体携带气泡接近水面过程中,当气泡和自由面距离足够近的时候,气泡必然会在自由面处破裂出水。一方面,与物体穿透自由面类似,气泡与自由面间的水层也在逐渐变薄直至为 0,在数值模拟中需要给出一个临界厚度,用以确定气泡出水时刻;另一方面,与物体穿透自由面不同的是,物体穿透自由面时,物体表面压力已经和外界大气压十分接近,但是气泡在自由面破裂时,气泡内压和大气压力可能会相差很大,这将有可能为后续的数值模拟提出较大挑战;此外,对于物体导致的自由面破裂而言,破裂后物体与自由面的交点一定是落在物体上的,而且需要满足物面的不可穿透条件,换言之,交点一侧满足纽曼条件,一侧满足狄克利雷条件;而对于气泡物体导致的自由面破裂而言,破裂后气泡与自由面的交点的位置比物体导致的自由面破裂更难确定,且两侧都需要满足狄克利雷条件,这在数值上具有更大的挑战性。

物理上而言,水膜破裂的细观问题是很难模拟的,但是考虑到本书的研究重点在于气泡破裂后物体和流场的整体运动,所以本书不直接模拟水膜破裂的细节问题,而是采用与 4.1.1 小节中类似的方法处理自由面破裂[9]。具体简述如下。

(1) **计算最小距离**:当气泡与自由面距离较近时,开始计算气泡上的点到自由面的距离,以气泡上的点 K 为例,如图 6.3(a) 所示,具体做法如下:通过气泡表面上的 K 点并沿其法向做直线 l,此直线与自由面交点为 K',并定义 K' 点周围的两点 J 和 $J+1$。点 K' 处的物理量如位置和速度势等可由点 J 和 $J+1$ 内插得到。计算点 K 和 K' 的距离 $\Delta \bar{s}_K$,比较气泡上所有点到自由面的法向距离,确定气泡距离自由面的最小距离,此距离记作 $\Delta \bar{s}_1$,对应最小距离的点记作点 K。

(2) **确定破裂时刻**:判断 $\Delta \bar{s}_1$ 与临界值 $\Delta \bar{s}_{c1}$ 的大小,当 $\Delta \bar{s}_1 \leqslant \Delta \bar{s}_{c1}$ 时,则认为水膜已经足够薄,气泡在下一时刻即将破裂。

(3) **确定破裂范围**:与物体穿透自由水面略有不同的是,由于气泡和大气压力可能相差很大,所以气泡不是在单一某点处破裂,而是在此点周围的一片区域处破裂。数值上,需要计算 K 点周围的水膜厚度,显然周围水膜厚度一定是大于 $\Delta \bar{s}_{c1}$ 的。另外一个临界值 $\Delta \bar{s}_{c2}(\Delta \bar{s}_{c2} > \bar{s}_{c1})$,当距离最近的点周围的水膜厚度小于 $\Delta \bar{s}_{c2}$ 时,就假定在此破裂瞬间,这一范围内的所有点均被移除。为了确定水膜破口的大小,再次计算 K 附近气泡上的点到自由面的距离,以点 M 为例,再次按照步骤 (1) 计算点 M 和 M' 的距离 $\Delta \bar{s}_M$。当寻找到这样的一个条件时,即 M 和 M' 的

距离 $\Delta\bar{s}_M \leqslant \Delta\bar{s}_{c2}$ 且 $M-1$ 和 $M'-1$ 的距离 $\Delta\bar{s}_{M-1} \geqslant \Delta\bar{s}_{c2}$ 时，停止搜索。将 M 和 M' 的距离 $\Delta\bar{s}_M$ 记作 $\Delta\bar{s}_2$。类似地，在 K 点的另外一侧也能用相同方法找到同样的点 M_1，则 M 到 M_1 限定的范围就是气泡和自由面的破裂范围。

(4) **破裂后节点分布**：在下一时间步，将 M 到 M_1 限定的范围内气泡和自由面上的所有节点移除，将气泡和自由面沿着点 M 和 M' 切断，并将切断的两个单元由一交接点 H 连接，如图 6.3(b) 所示，H 的位置取点 M 和 M' 的线性平均值。

(5) **破裂后物理量**：H 点的速度势取点 M 和 M' 速度势的线性平均值，其他节点的物理量均保持为破裂之前时刻的物理量。

(6) **破裂后计算**：按照上述气泡破裂的方法，对于图 6.3 所述的工况，M_1 左侧，将形成一个由壁面、气泡面和自由面围成的很小的孤立域，这个小的孤立域与物体出水问题的主要流域是不相关的，而且实际中，这部分流体在气泡破裂过程中已经飞溅并脱离物体了。鉴于此，本书中直接不考虑此小的孤立域的作用。此后 M 右侧将形成由物体湿表面积和气泡/自由面围成的主要流体域，之后的计算与第 2 章所述类似。最主要的不同在于点 H 的处理。

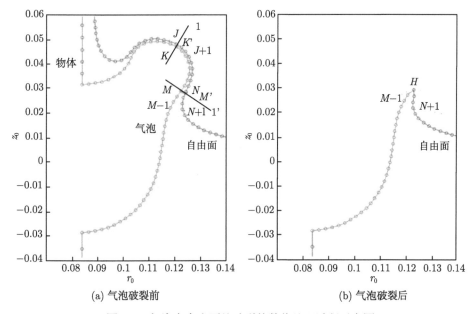

(a) 气泡破裂前　　　　　　　　　(b) 气泡破裂后

图 6.3　气泡在自由面处破裂的数值处理过程示意图

在接下来的计算中，需要特别注意点 H 的处理，因为此点作为气泡面和自由液面的交接点，其两端的法向导数 $\partial\bar{\Phi}_1/\partial n$ 和 $\partial\bar{\Phi}_2/\partial n$ 是不连续的。正如 Grilli 和 Svendsen[10] 分类所述，此处交接点属于 "狄克利雷–狄克利雷条件"，而 2.4.2 小节中自由面和壁面的交接点属于 "狄克利雷–纽曼条件"。在计算系数矩阵时，尽管可以采用与 2.4.2 小节中类似的方法, 即将系数矩阵分裂为节点左侧单元的积分和右侧单元的积分, 但是还是多一个未知数。为此, 必须寻求一个额外的条件, 即所谓的 "兼容性条件", 从而使未知数和方程数相等。

如图 6.4 所示, 假设 β 是气泡和自由面形成的尖锐拐点处的内角。直线 k 是该内角的角分线, 在距离点 H 很小的距离 $\mathrm{d}\bar{s}$ 处画直线 k 的垂线 m, 垂足为 I, 与周围两个单元的交点分别为 I_a 和 I_b。假设这两点的速度势分别为 $\bar{\Phi}_a$ 和 $\bar{\Phi}_b$, 有

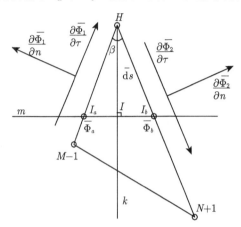

图 6.4   尖锐拐点的数值处理 [9]

$$\bar{\Phi}_{(I_b I_a)} = (\bar{\Phi}_b - \bar{\Phi}_a)/\bar{s}_{ba} \tag{6.2.6}$$

式中, $\bar{s}_{ba}$ 是点 I_a 和 I_b 之间的距离。考虑到 $\mathrm{d}\bar{s}$ 的距离很小, 所以左侧单元的 $\dfrac{\partial \bar{\Phi}_1}{\partial n}$ 和 $\dfrac{\partial \bar{\Phi}_1}{\partial \tau}$ 沿着线 m 的投影与右侧单元 $\dfrac{\partial \bar{\Phi}_2}{\partial n}$ 和 $\dfrac{\partial \bar{\Phi}_2}{\partial \tau}$ 沿着线 m 的投影的加权平均值应当与 $\bar{\Phi}_{(I_b I_a)}$ 相等, 即

$$\frac{\partial \bar{\Phi}_1}{\partial m} = \frac{\partial \bar{\Phi}_1}{\partial \tau} \sin\frac{\beta}{2} - \frac{\partial \bar{\Phi}_1}{\partial n} \cos\frac{\beta}{2} \tag{6.2.7}$$

$$\frac{\partial \bar{\Phi}_2}{\partial m} = \frac{\partial \bar{\Phi}_2}{\partial \tau} \sin\frac{\beta}{2} + \frac{\partial \bar{\Phi}_2}{\partial n} \cos\frac{\beta}{2} \tag{6.2.8}$$

$$\bar{\Phi}_{(I_b I_a)} = \left(\frac{1}{\bar{s}_1} \frac{\partial \bar{\Phi}_1}{\partial m} + \frac{1}{\bar{s}_2} \frac{\partial \bar{\Phi}_2}{\partial m} \right) \bigg/ \left(\frac{1}{\bar{s}_1} + \frac{1}{\bar{s}_2} \right) \tag{6.2.9}$$

式中, $\bar{s}_1$ 和 $\bar{s}_2$ 分别是拐点左右两侧单元的长度。通过方程 (6.2.6)~ 式 (6.2.9) 则建立了未知法向量 $\dfrac{\partial \bar{\Phi}_1}{\partial n}$ 和 $\dfrac{\partial \bar{\Phi}_2}{\partial n}$ 的联系, 为整个矩阵补充了 "兼容性条件"。当求

解获得 $\dfrac{\partial \bar{\Phi}_1}{\partial n}$ 和 $\dfrac{\partial \bar{\Phi}_2}{\partial n}$ 后, 点 H 的全速度 $\left(\dfrac{\partial \bar{\Phi}}{\partial r}, \dfrac{\partial \bar{\Phi}}{\partial z}\right)$ 可通过左右两侧单元速度加权平均获得。此后就可以与边界上其他点一样进行速度势和位置更新。

6.3 带有空泡物体水下运动阶段

考虑距离自由面很远的带有空泡物体以某一定速航行阶段, 忽略自由面和重力的影响, 采用 6.1 节建立的模型对带有空泡物体水下运动阶段进行数值模拟。

6.3.1 数值与实验对比

将本书数值结果与实验值进行对比以验证数值模型的有效性, 首先验证内迭代过程的有效性, 将数值解与 Ingber 和 Hailey[1] 的实验值对比, 计算结果见表 6.1。

表 6.1 内迭代过程数值解与实验值对比

头部形状	无量纲空泡长度	空化数 (σ)		误差
	(l_c/R)	实验值	数值解	
45° 圆锥	3.6	0.30	0.2969	1.03%
60° 圆锥	1.66	0.50	0.5148	2.96%
90° 圆锥	3.2	0.50	0.4964	0.72%

与之前略有不同, 本章中采用回转体半径 R 和物体运动速度即无穷远来流 W_∞ 为特征长度和特征速度无量纲化其他变量, 故表中以及以后的物理量在无特殊说明下, 均为无因次量。从表中对比可见本文内迭代数值模型对不同头部形状都有很高的精度, 最大的误差不超过 3%。此外本模型内迭代过程有相当高的收敛效率, 通常迭代 10 步可使切向速度误差达到 0.01% 以内。

由于外迭代要调用内迭代程序, 故在验证了内迭代的有效性下, 来验证外迭代过程的有效性, 与 Ingber 和 Hailey[1] 以及 Rouse 和 McNown[11] 的实验值进行对比。

图 6.5 为不同空化数下本书数值模拟结果与前人实验值的对比分析。其中前三幅实验值来自文献 [1], 第四幅实验值来自文献 [11]。图中直线代表锥角为 45° 的圆锥头弹体表面, 带点曲线代表空泡 (由于为轴对称模型, 仅显示了 $\theta = 0$ 表面)。离散点为实验测得的表面压力系数 $c_p = (P - P_\infty) / (0.5\rho V_\infty^2)$, 曲线为本书计算的 c_p。从图中对比可见, 本书的外迭代计算得到的空泡形态、空泡长度和弹体表面压力系数均与实验值吻合良好, 仅在空泡闭合处差异较大, 这是因为实际流体空泡尾部是两相的、高度湍流的复杂物理现象区域, 数值模拟采用的尾部闭合模型与实际流体有差别。从图 6.5(d) 可见, 尽管压力恢复闭合模型计算得到的压力值在空泡

尾部与实验值差异较大, 但是空泡形态还是吻合度很高的, 再次证明本章数值模型的有效性。

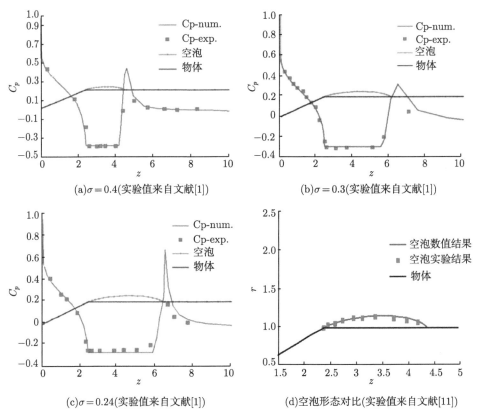

(a)$\sigma = 0.4$(实验值来自文献[1])　　　　(b)$\sigma = 0.3$(实验值来自文献[1])

(c)$\sigma = 0.24$(实验值来自文献[1])　　　　(d)空泡形态对比(实验值来自文献[11])

图 6.5　数值模拟结果与实验值对比图

6.3.2　数值模拟分析

本小节选取一典型算例考察肩空泡实际占据的比例和对回转体表面压力的影响等。选取回转体头部锥角 $\beta = 60°$, 尾流闭合模型参数取 $A = 0.2$, $\delta = 0.9$, $\nu = 1$, 对应可计算得空泡数 σ 为 0.4, 数值计算结果的 3 维视图如图 6.6 所示。

从图 6.6 可见, 数值模型模拟可得到肩空泡长度占回转体长度的 35.82%, 最大厚度占回转体半径的 60%。图 6.7 为相应工况下有无空化气泡的表面压力系数图, 从图中可见, 空化气泡的产生使得肩点的速度急剧下降, 压力降低, 但将回转体前部分压力均匀化 (饱和蒸汽压), 同时在尾流闭合处产生一压力突变, 整体而言, 改变了流线形状, 将压力突变点后移。

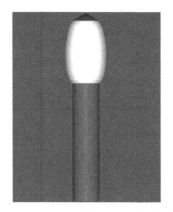

图 6.6 带空泡回转体 3 维示意图

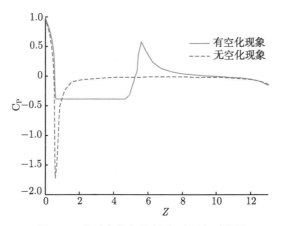

图 6.7 有无空化气泡的表面压力系数图

6.3.3 物理参数影响

在验证本文数值模型有效可行的基础上,进一步考察回转体形态、空化数以及尾流闭合模型参数等参数对空泡长度 l_c、最大厚度 t_c、厚长比 t_c/l_c 等表明空泡形态物理量的影响。

对于回转体形态,主体部分选择圆柱体不变,考察回转体头部形状变化的影响,选取有突变角度的圆锥头和光滑过渡的圆球头两种形式,对于圆锥头,又通过改变锥角 β,选择 22.5°、30°、45°、60° 和 90°(平头) 几种典型形式研究锥角的影响,并将空泡长度 l_c、最大厚度 t_c、厚长比 t_c/l_c 随锥角 β 变化的曲线绘于图 6.8 中。

图 6.8 中保持物体总长度 L 和直径 D 不变,空化数为 0.4 不变,尾流闭合模型参数均不变,改变头部锥角从 22.5° 变到 90°。可见随着弹体头部锥角 β 的增加,即弹体肩部角度突变越大,空化泡的长度越长,厚度越厚,厚长比也越大,即锥角

大的头部对应的空泡比较大而"肥胖"。此外,保持其他参数均不变,将头部改为光滑过渡的圆球头,相应状态下的气泡长度与厚度分别为 0.2 和 0.0096,即空泡相当短小而扁平,有利于抑制空泡形成。

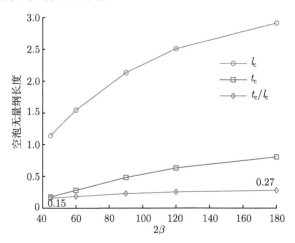

图 6.8　物体头部锥角对空泡形态影响图

对于空化数 σ,采用圆锥形头部,保持锥角为 45° 和其他参数不变的情况下,改变 σ 从 0.18 变化到 1.6,观察对应状态下气泡长度和厚度的变化情况,如图 6.9 所示。从图 6.9 中可见,随着空化数 σ 增大,空泡长度和厚度急剧下降。由于弹体无量纲长度为 14,可见当 σ 足够小时,空泡长度几乎达到弹体全长,即几乎形成超空泡状态。

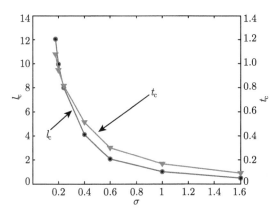

图 6.9　空化数对空泡形态影响图

如前所述,采用空泡尾部闭合模型时,引入了 3 个空泡尾流闭合参数 A, δ, ν。尽管参数的选取主要依据尾流模型试验,但我们仍然关心这些参数到底会如何影响空泡形态以及影响程度多大，这里通过固定其他参量，仅改变关心的参量的控制变量法来观察这些参数的影响，如图 6.10~ 图 6.13 所示。

从图 6.10 可见，参数 A 的影响主要是调节空泡尾部速度 (压力) 变化的幅度，即随着系数 A 的增大，图 6.1 中 D 点至 T 点空泡壁面上的切向速度增大，而空泡尾部壁面的切向速度则减小，导致泡尾闭合点的压力随 A 的增大而上升。从图 6.11 和图 6.12 可见，参数 δ 主要调节于调节空泡尾部过渡段的长度。由图 6.11 可见，在空泡总长 l_c 不变的情况下，随着 δ 的减小，空泡尾部过渡段长度增加，且在 D 点至 T 点的空泡壁面上的切向速度增大，压力减小；由图 6.12 可见，在空化数 σ 不变的情况下，随着 δ 的减小，空泡尾部过渡段长度增加，导致空泡总长 l_c 增大。由图 6.13 可见，参数 ν 仅会影响空泡尾流区的形状，但影响非常小。

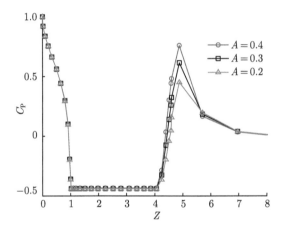

图 6.10 参数 A 对压力系数影响图 ($\beta = 90°, \delta = 0.9, \nu = 1, l_c = 3.6$)

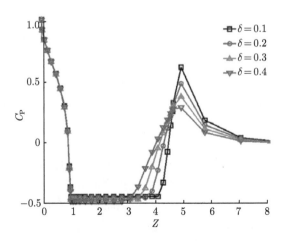

图 6.11 参数 δ 对压力系数影响图 ($\beta = 90°, A = 0.3, \nu = 1, l_c = 3.6$)

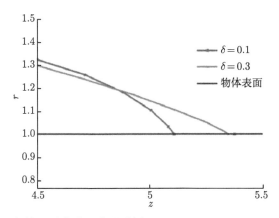

图 6.12　参数 δ 对空泡形态影响图 $(\beta = 90°, A = 0.3, \nu = 1, \sigma = 0.4)$

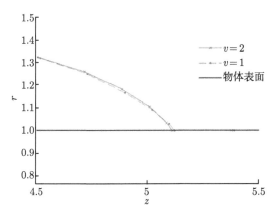

图 6.13　参数 ν 对空泡形态影响图 $(\beta = 90°, \delta = 0.9, A = 0.2, \sigma = 0.4)$

6.4　带有气泡物体水下运动阶段

在本节中，携带气泡的物体距离自由面很远，自由面效应很弱，可假设自由面的影响可忽略不计。在此假设下，进行携带气泡物体的上升运动模拟分析。

6.4.1　收敛性分析

为了验证计算结果的准确性，对时间步以及网格的收敛性进行分析，所用模型与 6.2 节中模型一致。为了方便计算，数值模型的固定坐标系的零点 $\bar{z}_0 = 0$ 的位置定在物体底部，压力 P_∞ 定义为 $\bar{z}_0 = 0$ 坐标面上无穷远处的压力，气泡中心牵连柱体坐标系中的初始位置坐标为 $(1/12, 2/3)$。其他的无量纲参数在本小节的取值为 $\sigma = 8, \zeta = 15, Fr^2 = 5, We \to \infty$ 以及 $\mathrm{d}\bar{W}/\mathrm{d}\bar{t} = 0$。气泡表面和物体表面的网格单元总数从初始值 $N=126$ 增加到 $N=168$，最后到 $N=210$。在公式 (6.2.5) 中的常数 $\Delta\psi$ 取值为 1/600。在不同网格密度条件下，无量纲的气泡体积 V 随时间的变化曲线如图 6.14(a) 所示。其中所有曲线的截止时间均为气泡射流冲击到物体表面的时间，通过观察图像可以发现，所得结果具有良好的网格收敛性。

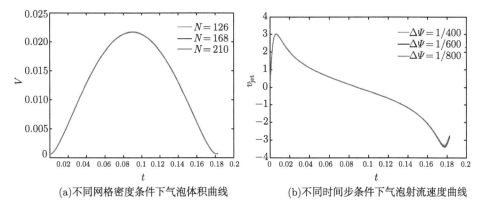

(a)不同网格密度条件下气泡体积曲线   (b)不同时间步条件下气泡射流速度曲线

图 6.14 数值模型收敛性验证曲线 [4]

在时间步收敛方面，气泡和物体表面网格的总是取 $N=168$，$\Delta\psi$ 分别取 1/400，1/600 和 1/800。图 6.14(b) 为无量纲射流速度 v_{jet} 随时间的变化曲线，射流速度的选取依据是当气泡射流贴近物体表面时，最靠近物体的那一点那一时刻的速度。从图 6.14 (b) 中可以看到，在不同的时间步条件下，气泡的射流速度基本没有变化，模型体现了良好的时间步收敛性。

6.4.2 数值模拟分析

在 6.4.1 小节中，针对数值结果的收敛性进行了分析，在本小节中，本文会选取一个特定的工况去研究带气泡的回转体在水下竖直运动过程中，气泡和物体之间的相互作用所造成的影响。对气泡的形状变化、射流速度、物体表面的压力分布以及流体对物体的作用力等物理量都会进行详细分析。初始网格数 $N=168$，常数 $\Delta\psi$ 取值为 1/600，其他无量纲参数的取值为 $\sigma=8$，$\zeta=5$，$Fr^2=5$，$We\to\infty$，$\mathrm{d}\bar{W}/\mathrm{d}\bar{t}=0$。

图 6.15 提供了大地坐标系中，在 3 个不同的典型时间点 (系统运动初始时刻、气泡体积膨胀到最大值的时刻以及气泡射流碰到物体表面的时刻) 下气泡的运动、变形以及流场中的压力和速度矢量的分布情况，初始内压较高的气泡的中心的初始位置为 $\bar{z}_{c0}=2/3$。随着物体向上运动，气泡体积逐渐膨胀到最大值，如图 6.15 (b) 所示，气泡的过度膨胀在气泡周围的区域内诱导了一个低压区，进而在周围高压力所产生的压力梯度作用下，气泡在后面的运动过程中会开始收缩。接下来，与膨胀过程中不同的是，气泡在轴向的中心位置处会以更快的速度向物面运动，在

收缩阶段的最后会形成一个向内的环状气泡射流，如图 6.15 (c) 所示。这一现象产生的主要原因是气泡在收缩过程中，其表面会受到物体表面对其的吸引作用，即 Bjerknes 力[12]，最终导致射流产生。在环形气泡射流的作用下，会形成两个新的环

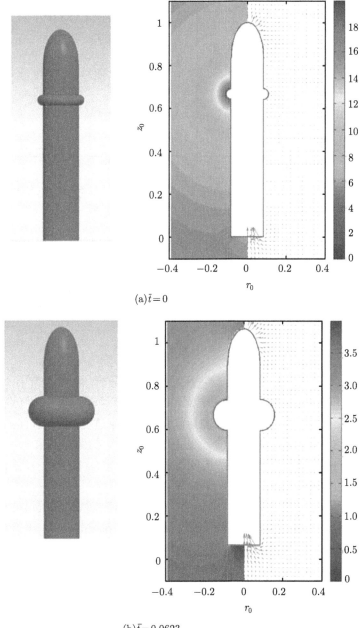

(a)$\bar{t}=0$

(b)$\bar{t}=0.0623$

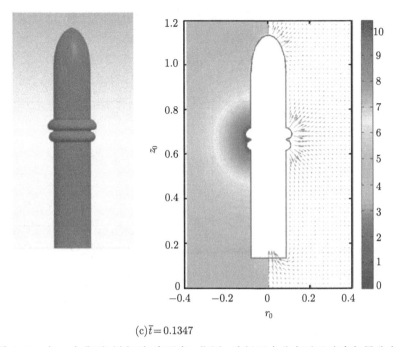

(c) $\bar{t} = 0.1347$

图 6.15 在 3 个典型时刻下气泡形态、位置、流场压力分布以及速度矢量分布图

(详见书后彩图)

状气泡,此后的运动情况不在本文的研究范畴内了。进一步观察矢量图可以发现,在物体的整个运动过程中,气泡的动态变化会影响物体表面的速度和压力,对于速度的影响相对于压力来说较小。而在气泡表面,气泡在初始阶段以及气泡体积达到最大值时,其表面的速度相比于物体的运动速度而言都是较小的,而当气泡射流作用到物体表面时,除了射流的局部区域以外,气泡表面大部分区域已经进入到了二次膨胀阶段且膨胀速度很大,因此可以在矢量图中明显观察到。

观察图 6.16(a) 中的气泡体积曲线可以发现,在气泡射流触碰到物体表面之前,气泡体积又出现的二次膨胀的情况,这与在图 6.14 中所得到的结果是不同的。产生这一现象的主要原因是,在本小节中,所计算工况选定的强度参数 ς 要小于 6.4.1 小节中的强度参数,在较小的强度参数的作用下,会使气泡的脉动更加频繁[12]。从另一方面来说,强度参数的大小会直接影响气泡内压的大小,而参考公式 (2.1.14) 可以发现,气泡内压会直接影响气泡体积的变化。在图 6.16 (b) 中,数值为正的速度对应气泡的膨胀阶段,数值为负的速度则对应气泡的收缩阶段。可以发现,在气泡的整个运动过程中,其射流速度会在开始运动的短时间内就达到峰值,之后会逐渐减小直至反向;当其减小到最小值后会再接着上升一小段,直至射流作用到物体表面。这一现象说明,气泡中间部分向内运动的速度达到峰值的时刻既不是气泡射流作用到物体表面的时刻, 也不是气泡体积缩小到最小值的时刻, 而是要早于这两个时刻。同时, 观察气泡的体积曲线以及射流速度曲线可以发现, 在气泡的整个运动过程中必然存在着这样一个阶段, 即气泡沿轴向的中心位置向内部运动的同时, 其他位置的节点会向外运动。

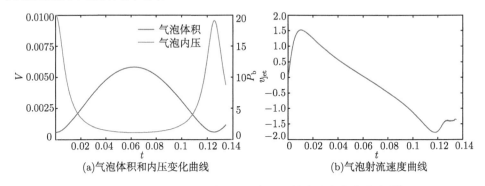

图 6.16   选定工况下气泡体积、内压及射流速度变化曲线[4]

图 6.17 展示了在物体表面上不同测点处的压力随时间的变化曲线, 其中测点分布如图 6.17(b) 所示。观察图 6.17 (a) 中的 $P\text{-}t$ 曲线, 所有测点压力的变化趋势都与图 6.16(a) 中气泡内压的变化趋势大致相同。进一步观察图 6.17(a) 中的 $P\text{-}z$ 曲线, 可以发现对应的第 4、第 5 和第 6 测点上的压力的变化范围要明显大于其他测点, 拥有更大的峰值和底值。可以推测在第 4 和第 6 节点之间的区域是物体在运动过程中气泡覆盖的区域, 所以其压力的分布规律更接近于气泡的分布。而在物体的两端, 即图中的第 1 和第 11 测点, 其所在位置压力的数值较小, 尤其是尾部区域, 其数值为物体表面压力分布的最低值。

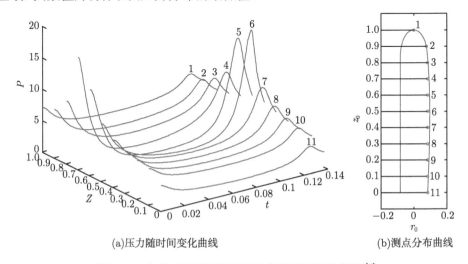

图 6.17   物体表面不同测点处压力随时间变化曲线[4]

带气泡物体与不带气泡物体 (全湿流) 流体力在物体运动方向的分量 (后均称流体力) 随时间的变化曲线在图 6.18 中可以看到，在图像中数值为正表示与物体运动方向相同，即竖直向上；为负则反之。观察图像中的实现可以发现，在物体运动过程中，大部分时间内流体对物体的作用力为正值，除了在两个极小值附近的位置。这一现象可以从以下的角度去考虑，在物体开始运动阶段，气泡内部的压力要高于物体表面，在此基础上气泡的初始位置要更加接近物体的前端，进而导致物体前端的压力分布整体要大于后段，最终流体对物体的作用力的方向会与物体的运动方向相反。随后气泡的内部压力逐渐降低，同时其在物体上的相对位置也逐渐向后移动，流体对物体的作用力的方向逐渐反向并在运动的大部分时间里不再改变。之后气泡会经历收缩以及二次膨胀的过程 (详见图 6.16(a))，所以气泡的内部压力会先上升之后下降，反应在流体对物体的作用力上就会出现图像右侧的峰值。此外图中虚线为全湿流条件下物体受到的流体力，可以发现，对于全湿流物体而言流体力为固定值，即物体受到的浮力，在本节所选取的工况下其数值为 0.00417。物体的无量体积可以根据体积公式求得为 0.0206，进而可以求得物体的无量纲浮力为 0.00412，两者之间的误差仅为 1.2%，这在一定程度上进一步证明数值模型的可靠性。

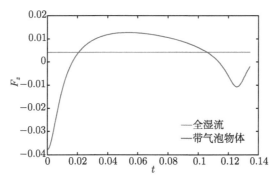

图 6.18　带气泡物体与全湿流流体力随时间变化曲线 [4]

6.4.3　物理参数影响

在本小节中，将分析不同无因次参数的影响，如傅汝德数、空化数、物体加速度以及韦伯数。除了以上这些参数外，其他参数的取值均与 6.4.2 小节相同。

1. 傅汝德数 Fr

重力往往会对流体表面的变形起到非常大的影响，如自由面、气泡表面等等。在本小节中，将分析傅汝德数对于系统相关物理量的影响，如气泡形状、气泡体积和流体力等。傅汝德数 Fr 的取值分别为 ∞(没有重力)、1.5、1.0 和 0.5。

　　图 6.19 给出了在 3 种不同的傅汝德数条件下，当气泡射流作用到物体表面或另一部分的气泡表面时气泡的形状特性。在图 6.19(a) 中，在傅汝德数的值取 $Fr \to \infty$ 条件下，由于没有浮力的影响，可以发现气泡射流的方向近乎垂直于物体表面，在本文中此类型的射流称之为"向内射流"。当傅汝德数下降到 1.5 时，观察图 6.19(b) 可以发现，气泡射流的方向有斜向上移动的趋势，这种射流称之为"斜向射流"，这种射流是在物体给气泡施加的 Bjerknes 力和气泡所受到的浮力共同作用下产生的。当斜向射流作用到物体表面之后，射流下方会形成一个较小的气泡环，而上方则形成一个较大的气泡环。当傅汝德数降低到 0.5 这一数值时，浮力的影响变得更大，与 Bjerknes 力相比成为了控制射流方向的主导因素。最终随着射流逐渐向上移动，在最后触碰到了气泡的另一端而非物体表面，如图 6.19(c) 所示。这种模式的射流称之为"向上射流"，进而与其他两种射流模式进行区分。可以预想到，当向上射流触碰到气泡的另一端之后，气泡会与物体表面脱离进而形成一个完整的气泡环。

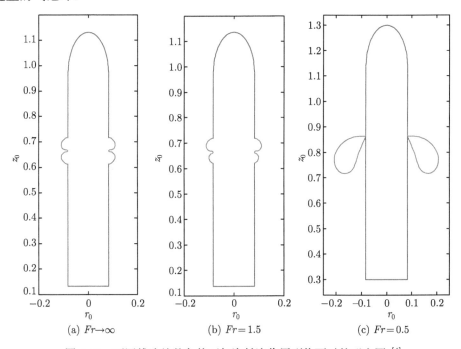

图 6.19　不同傅汝德数条件下气泡射流作用到物面时的形态图 [4]

　　图 6.20 展示了傅汝德数对于气泡体积变化的影响。在本小节中，气泡脉动的周期定义为两个气泡体积最小值之间的时间间隔。可以发现，随着傅汝德数的减小，气泡体积的最大值会逐渐增加同时其脉动的周期也会变得更长。随着傅汝德数变得更小，系统所受到的重力或者是静水压力梯度也会变得更大。这是因为在这一

算例中, 无穷远处的环境压力 P_∞ 为一个常数且定义在 $z_0 = 0$ 平面上的无穷远处, 所以一个更大的重力或者静水压力梯度会有诱导一个在气泡周围的更小的环境压力。又因为在不同傅汝德数条件下, 气泡的初始内部压力是一致的, 进而可以导致更小的外部压力, 即较大的内外压差, 会导致气泡的最大体积变大以及运动周期变长。

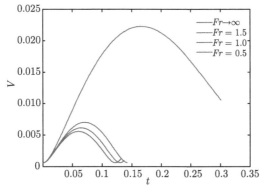

图 6.20 不同傅汝德数条件下气泡体积变化 [4]

图 6.21 提供了流体力在不同傅汝德数条件下的变化曲线, 可以发现, 随着傅汝德数的减小, 流体力整体 (包括初始值) 都会发生明显的增加。一方面来说, 系统所受到的静水浮力与傅汝德数成平方反比的关系, 同样也会随着傅汝德数的减小而快速增大。从另一方面考虑, 被气泡所包围的那部分物面上的动压力与气泡内部的压力是相等的, 其大小受到气泡体积的影响, 如图 6.20 以及公式 (2.1.14) 中所示。更大的气泡体积会使物体前段的压力分布减小, 进而使物体受到的流体力增加。此外, 由于重力与傅汝德数的平方成反比关系, 所以当傅汝德数减小到一定程

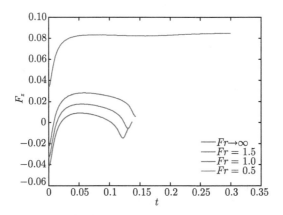

图 6.21 不同傅汝德数条件下流体力变化曲线 [4]

度后，重力的影响会非常大，这也就解释了为什么当傅汝德数取Fr=0.5 时的曲线
与其他初始条件的曲线差别如此之大。

2. 空化数 σ

在本小节中，分析空化数的影响。除了空化数以外，其他初始参数的取值均与
6.4.2 小节中相同，空化数分别取 8、10 和 12。

图 6.22 和图 6.23 分别展示了空化数的变化对于第 5 测点处压力以及流体力
的影响。在图 6.22 中，由于在物体表面不同测点处的压力变化规律是相似的，所
以在这里选用第 5 测点来分析空化数的变化对于物体表面压力分布的影响。观察
图 6.22 曲线的变化可以发现，随着空化数的减小，第 5 测点的压力逐渐增加同
时气泡的运动周期也变得更短。同样的变化规律也发生在了图 6.23 中，流体力
的绝对值也随着空化数的减小而增大了。由于在本书中物体的运动速度 W 是特征
物理量，所以空化数发生变化最直接的影响因素就是参考压力 $P_\infty - P_\mathrm{c}$，当参考压力

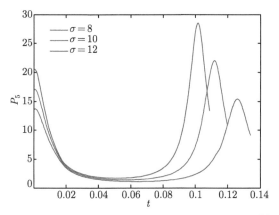

图 6.22　不同空化数下第 5 测点压力变化曲线 [4]

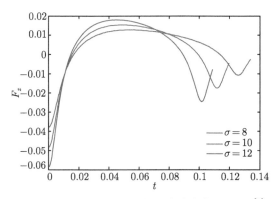

图 6.23　不同空化数条件下流体力变化曲线 [4]

$P_\infty - P_c$ 增强时, 气泡的内压 P_b 也会随之增加。因此可以理解更大的气泡内压会在第 5 测点处诱导一个更大的压力以及使流体力的绝对值也更大。此外, 随着空化数的增加, 周围流体粒子的运动也会更快, 进而导致气泡的运动周期变短。

3. 物体加速度 $\mathrm{d}\bar{W}/\mathrm{d}\bar{t}$

物体运动的速度在之前的所有算例中都是常数, 在这一小节中, 会对物体在给定加速度条件下做匀加速运动时各物理量的变化进行分析。在讨论带气泡物体的加速运动之前, 先对不带气泡的物体进行分析, 以验证数值模型的有效性。根据牛顿第二定律可知,

$$\bar{F}_z = \frac{\bar{V}_b}{Fr^2} - \bar{m}_a \cdot \frac{\mathrm{d}\bar{W}}{\mathrm{d}\bar{t}} = \frac{\bar{V}_b}{Fr^2} - \frac{\mathrm{d}\bar{W}}{\mathrm{d}\bar{t}} \iint_{\bar{S}_w} \bar{\phi} n_z \mathrm{d}\bar{s} \quad (6.4.1)$$

其中, $\bar{m}_a$ 为物体在 z 轴方向的附加质量。在这里分别用辅助函数计算得到压力的直接积分法 (方法 1) 和公式 (8.2.1) 的附加质量法 (方法 2) 计算不带气泡的物体所受到的流体作用力, 对比结果在图 6.24 中体现。

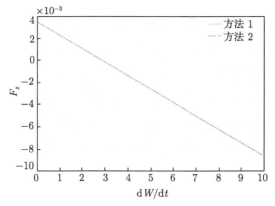

图 6.24 不同计算方法下全湿流物体流体作用力对比曲线 [4]

观察图 6.24 可以发现, 两种方法所算得的流体作用力基本一致。在此基础上, 将会在 3 种不同的运动加速度, 即 0、4 和 8 条件下分析系统的变化情况, 同样地, 其他初值的取值与 6.4.2 小节中完全一致。

图 6.25 展示了在不同加速度条件下, 气泡体积以及形心的变化曲线, 其中 z_{c0} 和 z_c 分别为气泡在固定坐标系以及运动坐标系中的形心坐标。观察图像可以发现, 物体运动加速度对于气泡体积变化以及气泡在固定坐标系中的形心坐标的影响是可以忽略的, 尽管气泡在运动坐标系中形心坐标则发生了一定变化。这一现象可以理解为在势流理论中, 当物体运动时如果气泡所处的位置不偏向物体的任何一端, 则物体的运动速度对于气泡自身的演化是没有影响的。同理可推断出物体运动的

加速度对于气泡内压的影响也是很小的。

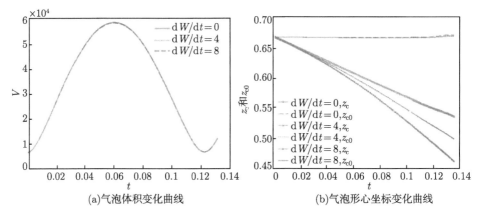

(a)气泡体积变化曲线   (b)气泡形心坐标变化曲线

图 6.25   不同运动加速度条件下气泡体积及形心位移变化曲线 [4]

图 6.26 提供了在不同的物体运动加速度条件下，物体表面第五测点压力以及流体力的变化曲线。观察图 6.26(a) 可以发现，当物体运动加速度发生变化后，除了整个运动的最后阶段，压力的变化曲线大体上是一致的，在运动最后阶段，随着物体运动加速度的增加，第五测点处的压力会逐渐变小。这一现象可以通过图 6.25(b) 中 z_c 的变化来解释。在系统运动的最后阶段，当物体运动的加速度增加时，内部压力较高的气泡与第五测点的相对位置会被拉大，进而导致该位置的表面压力变小。继续观察图 6.26(b) 可以发现，负的流体力会随着物体加速度的增加而明显变大，这一现象通过公式 (6.4.1) 就可以理解，在公式中加速度的增大会直接导致流体作用力绝对值变大。除此之外，在图像中可以看到在物体运动的最后阶段，虽然物体运动的加速度不一致，但却存在着这样一个时间段：在 3 个不同加速度

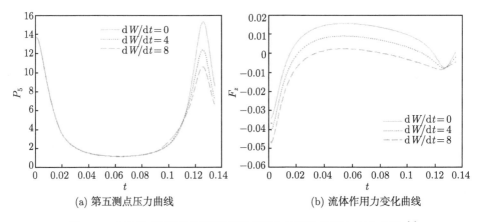

(a) 第五测点压力曲线   (b) 流体作用力变化曲线

图 6.26   不同加速度条件下第五测点压力及流体作用力变化曲线 [4]

条件下的流体力是很接近的,且方向都与物体运动方向相反。虽然数值接近,但达到这一数值的原因是不同的。对于加速度较小的情况,达到这一数值结果是因为被气泡覆盖的高压区位于物体的上半段,进而使流体作用力数值为负。而对于加速度较大的情况,流体力数值为负主要是因为物体在运动时所受到的流体惯性力,因为此时气泡已经运动到了接近物体底端的位置。

4. 韦伯数 We

在此小节之前,在本书的大部分算例中韦伯数 We 的取值基本为 ∞,即忽略了表面张力的影响。主要原因是表面张力通常对于尺度很小的气泡有较大的影响,对于在本书中考虑的尺度较大的气泡 (分米级别甚至更大) 而言,表面张力所起到的作用很小。为了验证这一近似思想,在本小节中会分别取韦伯数为 1×10^4、1×10^5 和 ∞ 去探查其具体影响。

图 6.27 提供了气泡体积以及流体作用力在不同韦伯数条件下的变化曲线。观察图像可以发现,在不同韦伯数条件下两组曲线是基本一致的,这也证明了在本节所考虑的参数下,韦伯数的影响是可以忽略的。

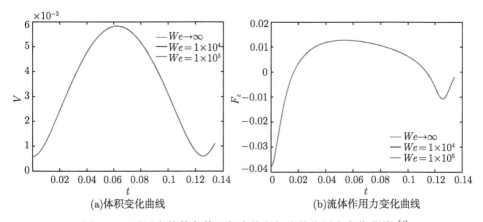

(a)体积变化曲线 (b)流体作用力变化曲线

图 6.27 不同韦伯数条件下气泡体积与流体作用力变化曲线 [4]

6.5 带有气泡物体接近水面阶段

当物体运动到距离自由面较近的位置时,自由面对于带气泡物体这个运动系统的影响已经不能忽略[13]。在本节中,会在 6.4 节运动系统的基础上加上自由面,形成新的数值模型,进而在物体–气泡–自由面三者耦合的条件下,对气泡和自由面表面形状的演变以及整个运动系统对应物理量的变化进行分析。运动系统的示意图如图 6.28 所示。

在图 6.28 中，物体轴向总长度为 L，其直径以及气泡的初始尺寸均与 6.4 节相同。外部区域 (顶部为自由面) 为轴对称的圆柱体，其直径为物体总长度的 4 倍，即 $4L$，高度为 $5L$。其中自由面在绝对坐标系中的轴向初始坐标为 0，物体顶部初始位置与自由面之间的距离为 $L/50$。

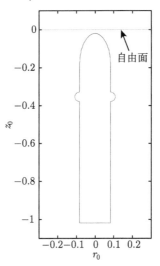

图 6.28　模型初始位置示意图

6.5.1　收敛性分析

为了保证数值结果的准确性，在对计算结果进行分析和比较之前，同样要对加入自由面后的数值模型进行时间步以及网格收敛性的分析。

为了验证时间步长收敛性，选择总网格数为 $N=400$，改变公式 (6.2.5) 中的 $\Delta\psi$ 从 1/400 到 1/600 再到 1/800。图 6.29 为验证程序时间步收敛的图像，观察图

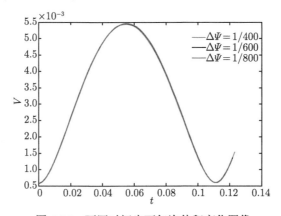

图 6.29　不同时间步下气泡体积变化图像

像可以发现，在不同时间步条件下图像吻合度良好，尤其在 $\Delta\psi$ 取 1/600 和 1/900 时，两条体积曲线基本重合，进而验证了数值模型的时间步长收敛性。

为了验证时间步长收敛性，选择 $\Delta\psi=1/600$，改变总网格数从 $N=330$ 增加到 $N=400$ 和 $N=470$。图 6.30 为自由面中点速度在不同初始网格数目下随时间的变化曲线，自由面中点为自由面上位于对称轴的那一点，也是初始距离物体顶部中心点最近的点。观察图像可以发现，在不同初始网格数目下，自由面中点速度曲线基本重合，说明程序具有良好的网格密度收敛性。

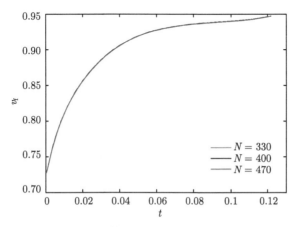

图 6.30　不同网格数目下自由面中点处速度图像

6.5.2　数值模拟分析

分析物体–气泡–自由面三者耦合对于运动系统的影响，最直观的方式是通过观察运动系统中变形部分的形状演变。下面将对气泡和自由面的形状变化进行分析。本小节中除了增加自由面以外，其他参数与 6.4.2 小节中完全一致。

图 6.31 提供了在物体–气泡–自由面三者耦合条件下，当气泡射流作用到物体表面时，整个运动系统的形态图。观察图像可以发现，由于带气泡物体在水下做竖直向上的运动，所以自由面在物体运动的作用下被顶了起来，这一现象很多学者都做过相关的研究。进一步观察气泡可以发现，气泡在收缩的最后阶段出现了向内射流，且射流方向有向下的趋势。这一现象跟图 8.14 中远离自由面中所得到的结果是不同的。在 6.4.3 小节中曾经分析过，由于重力的作用气泡最终射流的方向会有向上的趋势，当傅汝德数增加到一定数值之后，射流甚至会从"斜向射流"演变为"向上射流"。而在本算例中，傅汝德数的取值与 6.4.2 小节中相同，即 $Fr^2=5$，在这一条件下，气泡气流方向仍有向下变化的趋势，故可以判断是考虑自由面的影响后所带来的变化。有关自由面对于气泡形态的具体影响会在下面的小节中进行详细的讨论。

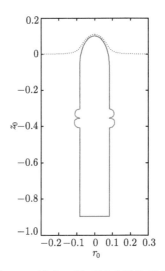

图 6.31   选定工况下运动系统形态图

图 6.32 提供了 4 个典型时刻下物体表面压力的分布情况，其中 4 个时刻分别为，$\bar{t} = 0$ 为气泡开始运动的时刻；$\bar{t} = 0.0543$ 为气泡体积达到最大值的时刻；$\bar{t} = 0.1122$ 为气泡体积达到最小值的时刻；$\bar{t} = 0.1218$ 为气泡射流作用到物体表面的时刻。图像中的横轴为运动坐标系中的 z 轴。观察图像发现，物体表面压力分布的变化规律与在 6.4 节中所得到的结果基本一致。在系统开始运动阶段，由于气泡内压较大，被气泡所包围的那部分物面上的压力以及气泡周围的物体表面的压力要明显高于周围的物面。当气泡体积膨胀到最大时，即图像中最低的曲线，此时气泡内压最小，对应的物面上的压力也变小。最终当气泡在环境压力作用下再次收缩时，气泡内压又一次增加。观察曲线最左端的部分还可以发现，由于物体的底面是平面，形状上有一个拐角，所以在底面上的压力较直面上的压力会有一个突然的改变。与 6.4 节中不同的是 (对比图也可见图 6.36)，图像右侧即物体顶端的压力分布基本不受气泡脉动压力的影响，其压力数值始终保持在 4 (在本节选定的参数下，自由面上的无量纲压力为 4) 左右。而且随着物体头部越来越接近自由液面，头部区域的压力逐渐持平在 4，表明物体头部压力接近 4 的区域越来越大。这是因为在近自由面工况下当物体运动到距离自由面很近时，物体顶部一定区域内的压力在自由面的影响下 (如图 6.31 所示)，其数值在整个运动过程中会与自由面上的压力 P_∞ 保持一致，且随着物体继续向上运动，这一区域的范围还会逐渐增加。

图 6.33 分别提供了在近自由面条件下物体表面上第五测点处的压力 (测点位置见图 6.16(b)) 以及物体所受到的流体力的变化曲线。分析图 6.33(a) 可以发现，第五测点处压力的变化趋势与图 6.16(a) 所得到的结果是一致的，因此可以认为，即使物体运动到距离自由面较近的位置时，物体表面压力的变化规律仍主要由气

泡自身参数来决定。而观察图 6.33 (b) 可以发现，流体力则发生了明显的变化。在
系统的整个运动阶段，物体所受到的流体力的方向均与物体运动方向相同，与此同
时数值的变化规律也与图 6.17 中所得结果是不同的。结合图 6.32 可发现，流体峰
值的时刻刚好对应图 6.32 中 $\bar{t} = 0.1122$ 的时刻。此时气泡的内压已经十分接近气
泡开始膨胀时的压力，在气泡内压的影响下，物体底部的压力明显增加，而反观物
体顶部压力，由于此时其位置已经十分接近自由面，进而导致很长一段区域内的压
力已经等于自由面的压力，气泡内压的增加并不能对这一区域的压力产生影响，因
此物体首尾压差 (直壁上的压力对流体力没有贡献) 在此时达到最大，故流体力达
到了变化过程中的峰值。有关测点压力以及流体作用力在数值上与远离自由面情
况的对比以及引发流体力变化规律发生变化的原因，会在 6.5.3 小节中进行详细的
分析讨论。

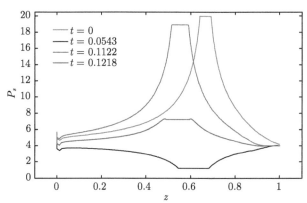

图 6.32 四个典型时刻物体表面压力分布

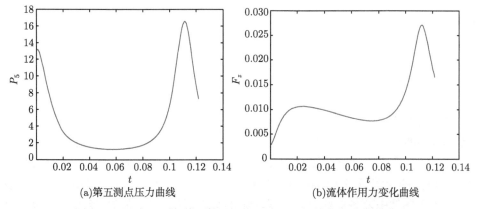

(a)第五测点压力曲线   (b)流体作用力变化曲线

图 6.33 近自由面条件下第五测点压力以及流体作用力变化曲线

图 6.34 为带气泡回转体在运动过程中，流场动能随时间的变化曲线。动能的

计算公式可由公式 (4.2.8) 获得, 即

$$\bar{E}_k = \frac{1}{2} \iiint\limits_v \boldsymbol{\nabla}\bar{\Phi}\boldsymbol{\nabla}\bar{\Phi}\mathrm{d}v = \frac{1}{2} \iint\limits_{S_\mathrm{W}+S_\mathrm{B}+S_\mathrm{F}} \bar{\Phi}\frac{\partial\bar{\Phi}}{\partial n}\mathrm{d}S \tag{6.5.1}$$

式中, 积分的表面需要包含物体表面 S_W、气泡表面 S_B 和自由面 S_F。观察图像可以发现, 流场所具备的动能是波动变化的, 这是由于带气泡回转体的速度势的变化导致的。在射流作用到物体表面前曾两次到达峰值且峰值的数值较接近。

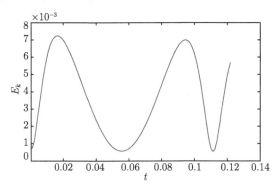

图 6.34　流场动能随时间变化曲线

6.5.3　自由面效应分析

在 6.5.2 小节所提供的图像以及对应的分析中可以发现, 自由面对于运动系统的形态变化以及物理量是有一定的影响的, 为了对自由面的影响进行更加直观的分析, 在本小节中, 会对自由面效应进行具体分析。

在图 6.31 中曾观察到, 气泡射流的方向在自由面的影响下出现了向下方移动的趋势。为了便于观察气泡和自由面之间对于自身形状演变的影响, 这里令物体的移动速度为 0, 即在初始释放位置处保持静止状态。同时将傅汝德数设置为无穷大, 即忽略重力场的影响, 此外为了突出气泡对自由面的影响, 强度参数的数值调整为 10。其所得到的结果呈现在图 6.35 中。

在图 6.35 中提供了物体不动条件下自由面形态的对比图以及气泡射流作用到物体表面上时的图像。首先观察图 6.35 (a), 图中实线对应的时间为 $\bar{t} = 0$, 即物体开始运动的时刻, 此时自由面呈现水平状态; 而虚线对应的时刻为气泡体积达到最大值的时刻。之所以选择气泡体积最大的时刻是因为, 此时由于气泡体积变大, 其对于自由面的影响是最为明显的, 方便观察自由面在气泡的影响下所产生的形状变化。观察图像中两条曲线可以发现, 当气泡体积达到最大值时, 自由面较初始状态有了一定的抬升, 但这一抬升效果与物体运动时相比是可以忽略不计的。而进一步分析虚线的形状可以发现, 此时自由面中心位置要低于周围的部分, 而且自由面

最高的位置出现在中心两侧对称的位置, 这一变化与物体运动时所形成的结果 (自由面呈拱形) 是不同的。这一现象产生的主要原因是物体的影响: 虽然物体没有运动, 但物体的顶部距离自由面仍较近, 在气泡的运动过程中, 自由面也会受到物体对其的 Bjerknes 力作用, 在运动过程中会被物体 "拉" 下来。至于自由面的凸起, 由于围绕在物体周围的气泡为中空的气泡环, 所以气泡对于自由面作用力的中心位置并不在自由面中心, 而是距离中心一定距离的某一位置, 因此自由面在环状气泡的影响下会出现环状的拱起。

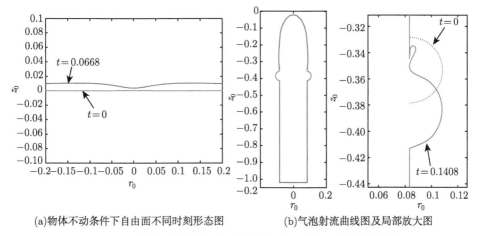

(a) 物体不动条件下自由面不同时刻形态图   (b) 气泡射流曲线图及局部放大图

图 6.35 物体不动条件下气泡射流曲线及自由面变化曲线图

接着分析图 6.35 (b), 观察图中气泡的形状曲线可以发现, 此时气泡的射流进入到了 "斜向射流" 阶段, 但方向与 6.4 节所得结果相反。根据以往学者[14] 对于单个气泡与自由相互作用的研究可知: 气泡在坍塌阶段, 受自由液面的影响, 会形成向下的射流; 同时自由面会在气泡的作用下进一步向上运动。从本书的研究可见, 贴服于物体表面的气泡也有同样的规律, 在气泡坍塌阶段, 受自由液面和物面的共同影响, 会形成斜向下的射流; 同时自由面会在气泡和物体的共同作用下形成上述的环状抬升。进一步观察图 6.35 (b) 右侧局部放大图中的虚线可以发现, 气泡的型心位置较其初始时刻有了一定的下移, 这一移动是气泡在自由面给其的作用力作用下产生的, 但其移动程度并不大。

总结图 6.35 中的结果可以发现, 带气泡物体在近自由面条件下移动时, 气泡对于自由面有一些影响, 但与物体运动给自由面所带来的变化相比是可以忽略不计的; 但自由面对于气泡形状的演变影响是很大的, 会明显改变气泡射流的形状。所以, 在图 6.31 中所呈现的气泡的形状是在浮力、自由面对气泡作用力以及物体对气泡作用力三者共同作用下所产生的。

下面分析在远离自由面和近自由面两种工况下, 带气泡回转体相关物理量所存在的差别。

图 6.36 分别给出了在远离自由面和近自由面条件下流体力以及物体表面压力分布的对比曲线。两个工况除了是否忽略自由面之外其余初始参数均一致。观察图 6.36 (a) 可以发现，在远离自由面 (实线) 和近自由面 (虚线) 两种工况下，流体力的方向存在明显的差别。这一现象可以通过图 6.36 (b) 以及图 6.32 来进行解释，图 6.36 (b) 中给出了气泡刚开始运动以及体积膨胀到最大值时的压力分布，结合两个图像可以发现，自由面引起的典型效应之一，是由于近自由面条件下物体顶部与自由面之间的距离一直很近，所以这一位置的压力始终与自由面上的压力保持一致。在开始运动阶段：对于远离自由面的工况而言，没有自由面的影响，内压较高的气泡会使物体顶部的压力也随之升高，如图 6.36 (b) 中的最上面的曲线，对应图 6.36 (a) 实线，合力表现为起始时刻为负值；而对于近自由面的工况，自由面的存在使得其头部压力维持在大气压力，导致尾部压力略大于头部压力，对应图 6.36(a) 虚线，合力表现为初始时刻的正值。在气泡膨胀阶段：随着气泡的膨胀，气泡内压降低，对于远离自由面的工况，头部在气泡的作用下压力降低，低于尾部压力；对于近自由面的工况，在自由面的作用下，头部压力仍保持为大气压，略低于尾部压力，所以二者均呈现出图 6.36(a) 所示的合力在膨胀阶段的正值，但是产生的原因不同，所以变化趋势也不尽相同。在气泡坍塌阶段：气泡体积收缩，内压增大，同时气泡位置向后移动。对于远离自由面的工况，在高压气泡的作用下，会使得头部压力再次高于尾部压力，但是由于气泡向后移动了，所以二者的差值没有初始时刻那么大，对应图 6.36(a) 实线中的低谷值，合力表现为气泡体积最小时刻的负值，但负值的绝对值小于初始时刻；对于近自由面的工况，在自由面的作用下，头部压力仍小于尾部压力，同时因为气泡向尾部移动，使得尾部压力上升，头尾部压差增大，如图 6.32 中点划线所示，对应图 6.36(a) 虚线中的峰值，合力表现为气泡体积最小时刻的正值。总结来说，自由面的存在使得物体顶部的压力接近大气压力，从而降低了气泡对于物体顶部压力分布的影响，进而改变了流体力的变化规律。

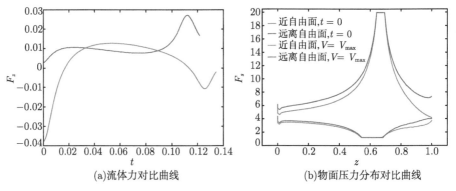

(a)流体力对比曲线　　　　　　　　(b)物面压力分布对比曲线

图 6.36　远离/近自由面条件下流体力及物面压力分布对比曲线

　　图 6.37 为在近自由面以及远离自由面条件下气泡体积的对比曲线。通过图像可以发现，自由面的加入并没有影响气泡体积的最大值和最小值，而是缩短了气泡脉动的周期，又因为气泡的体积决定了其内压，进而可以得出，气泡内压的峰值也不受自由面的影响。故而可以得出相关结论：自由面的存在会改变气泡形状的演变，如气泡射流的方向，但基本不会影响气泡体积的最值。此外，在自由面的作用下气泡的脉动周期会变小，即加速了气泡的膨胀和坍塌。

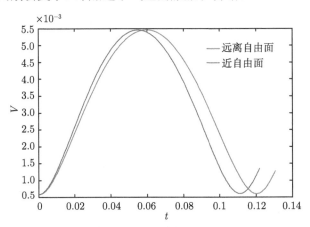

图 6.37　近/远离自由面条件下气泡体积对比曲线

6.5.4　物理参数影响

　　在本小节中，将主要分析典型参数的影响，如傅汝德数、韦伯数、气泡初始释放位置等。除了以上这些参数外，其他参数的取值均与 6.4.2 小节中相同。

1. 傅汝德数 Fr

　　在本小节中傅汝德数的取值分别为 $Fr^2 = 5$、1 和 0.25，其余参数保持不变。傅汝德数的变化对于气泡形态以及物体合力等物理量的影响规律在 6.4.3 小节中已经做了详细的分析，例如随着傅汝德数减小，气泡的射流形态会从 "向内射流" 转变为向上的 "斜向射流"，最终转变为 "向上射流"。所以本小节中主要分析傅汝德数对自由面形态变化的影响。

　　图 6.38 为在不同傅汝德数条件下，气泡射流作用到物体表面时自由面的形态曲线。观察图 6.38 可以发现，随着傅汝德数减小，自由面被拱起的部分会有明显的下降，尤其当傅汝德数达到 0.5 这一数值时，其高度要明显低于其他两个数值。这一现象很容易理解，虽然在带气泡回转体运动过程中自由面会被顶起，但自由面在运动过程中仍会受到重力的作用，其作用效果是使自由面的高度下移，所以随着傅汝德数增大，重力对自由面的影响也变得更大。

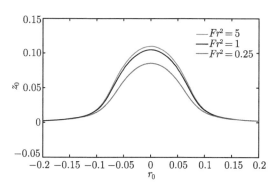

图 6.38　不同傅汝德数条件下自由面形态曲线

2. 韦伯数 We

在 6.4.3 小节中曾讨论过韦伯数对于带气泡回转体运动的影响，通过分析数据发现韦伯数对于运动系统的影响很小。在本小节中，自由面的影响被考虑了进来，而在自由面表面也受到表面张力的作用，所以针对韦伯数是否对整个系统的运动有影响这一问题要重新进行分析。韦伯数的取值与 6.4.3 小节中相同，即 $We = 1 \times 10^4$、1×10^5 和 $We \to \infty$。

图 6.39 给出了不同韦伯数下系统物理量变化示意图。观察图 6.39(a) 可以发现，在不同韦伯数条件下物体所受流体作用力的曲线基本重合，其他相关物理量如气泡体积、流场动能等也呈现同样的规律。故而可以推断即使在气泡–物体–自由面三者耦合体系中韦伯数带气泡回转体的影响仍是可以忽略的。图 6.39(b) 提供了自由面中点运动速度在不同韦伯数下的对比曲线，观察图像可以发现，在物体运动的前半段速度曲线基本是重合的，而在运动的后半段，随着韦伯数的降低，或表面张力的增大，自由面中点的运动速度也随之减小。说明考虑表面张力的影响后，自由面变得更加 "紧绷"，在物体和气泡作用下，抵抗变形的能力增加。但是相对而言，

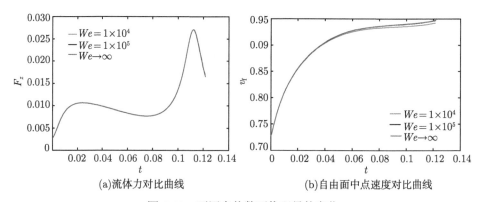

(a)流体力对比曲线　　　　　(b)自由面中点速度对比曲线

图 6.39　不同韦伯数下物理量的变化

在研究参数的范围内,自由面中点速度变化幅度很小。

综合对比可发现,即使考虑了自由面的影响,表面张力对于整个系统的影响仍是非常小的,通常可以忽略。

3. 气泡初始释放位置z

在本小节中,主要分析一下气泡在物体上的初始位置的影响。在之前的分析中,气泡型心的初始位置一直是 $z = 2/3$ (在运动坐标系中),除了上述工况外,在本小节中还会使气泡的初始位置分别在运动坐标系中的 3/4 和 1/2 处进行分析。

图 6.40 中提供了在不同的气泡初始位置条件下流场动能及气泡体积的对比曲线。气泡初始位置的坐标越大对应着其距离自由面的初始距离就越近,在系统的运动过程中受到自由面的影响也越大。在图 6.31 中曾分析过,自由面的存在会使气泡脉动周期变短,而观察图 6.40(a) 和 (b) 中图像的变化可以进一步证明这一规律。随着气泡初始位置的降低,其所受到自由面的作用就越小,脉动周期也就随之增加。另一方面,气泡初始位置的降低会使气泡脉动的最大体积有略微的减小;对动能的影响也是集中在动能的两个峰值上,一个增加另一个减小。

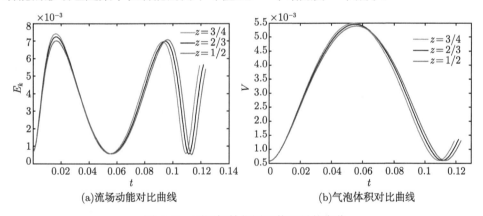

(a)流场动能对比曲线   (b)气泡体积对比曲线

图 6.40   不同初始位置下物理量的变化

不同气泡初产生位置工况下流体力的对比曲线在图 6.41 中给出,图中 z 对应气泡在物体动坐标系中的初始位置,其数值越大表示气泡距离物体顶部以及气泡距离自由面越近。对比图像可以发现,当气泡的初始位置与自由面之间的距离变化时,物体所受流体力会发生明显的变化。观察图中的虚线可以发现,当气泡的初始位置为 3/4 时,在物体运动的初始阶段由于气泡距离顶部的距离更近,使得物体顶部的压力明显增加,最终流体力的数值变为负值。此外观察曲线的右侧可以看到,随着气泡初始位置的下移,气泡收缩到最小接着再二次膨胀这一过程对于物体底部压力分布的影响会更大,最终导致流体力在正向的峰值也更大。通过这个图像可以进一步认识到气泡的位置对于物体受力的作用，流体的数值、方向以及变化规律都会受到气泡初始位置的影响。

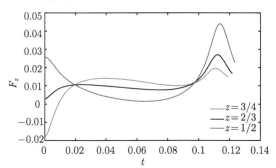

图 6.41　不同气泡初始位置条件下流体力曲线

6.6　带有气泡物体穿越水面阶段

6.6.1　物体穿越水面阶段

本小节首先分析带有气泡物体出水过程中物体穿越水面阶段，在分析有关结果之前，要先对数值模型进行一些处理。由于气泡的脉动周期相较于物体的整个出水阶段而言是很短的，所以单个气泡很难支撑物体整个出水过程，通常在物体顶部出水前物体开始运动时，所携带气泡的射流会先作用到物体表面上然后脱落。为了完整地模拟带气泡物体出水过程，在本小节中会在第一个气泡脱落后在其最初的位置处再产生一个新的气泡，其初始参数与第一个气泡相同，除气泡之外其他位置处的物理量保持不变，同时忽略已经脱落的气泡的影响。第一个气泡设为 "气泡 1"，另一个则是 "气泡 2"。

本小节选择典型算例进行数值模拟分析，在初始参数的选取上，为了缩短物体出水所需要的时间，在本小节中傅汝德数的取值为 $Fr = 1$，其余参数均与 6.4.2 小节中相同。物体出水过程的水膜处理方法采用 6.4.1 小节中描述的自由面破裂处理方法。

图 6.42 提供了当物体顶部与自由面之间的距离达到临界距离时物体上气泡 2 的形态曲线。观察图像可以发现在物体顶部即将要出水时，气泡正处于膨胀阶段且很快要达到自身的最大体积。当物体顶部出水后，气泡会继续膨胀然后收缩直至出现射流，这一过程将在下面的图像中给出。

图 6.43 给出了物体顶部出水后气泡 2 射流作用到物体表面时的图像，观察图像可以发现，在此工况下，气泡射流的方向 (下侧的粗实线) 在重力场以及自由面的作用下呈现 "向内射流" 的模式。进一步观察气泡与物体表面的交点可以发现，

在自由面的作用下气泡与物体的交点出现了明显的下移, 这与在第八章中所得的
结果是类似的。尤其当气泡与自由面之间的距离变得更小时, 自由面对于气泡的影
响也变得更大, 气泡在自由面的推动下出现的下移更明显。又因为在本章中所选
取的傅汝德数相对较小, 所以射流方向未出现明显的下移。最后, 对自由面的形态
变化进行分析, 可以发现, 虽然自由面与气泡之间的距离缩短了, 但自由面的形态
并没有在气泡的影响下出现明显的变化。出现这一现象的主要原因是因为虽然气
泡与自由面之间的距离较第 4 章所计算的工况要更近, 但气泡的作用还不足以使
自由面形状发生明显的改变, 同时观察图中此气泡的初始释放位置 (虚线) 可以发
现, 在物体运动的过程中, 气泡在物体上的相对位置是会下移的, 所以当气泡进入
收缩阶段后气泡与自由面之间的相互作用也会变得更弱。

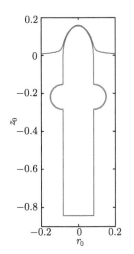 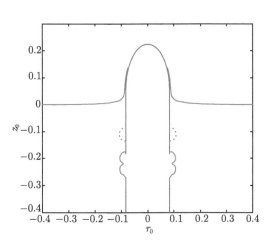

图 6.42　物体出水前气泡形态　　　　图 6.43　物体出水后气泡 2 射流曲线

　　因此在图 6.43 的基础上, 下面会分析当气泡 2 脱落后在 $z=2/3$ 处在释放一个
新的 "气泡 3" 并且初始参数与气泡 2 完全相同这一工况, 进而探究物体出水过程
中气泡与自由面初始间距更小的条件下, 经历一个气泡的完整运动周期后自由面
和气泡的形态演变。

　　在此工况下, 物体在出水的过程中新释放的气泡会经历先膨胀到体积最大, 之
后再收缩, 最后发生射流后脱落这一完整的过程, 因此可以更全面地探究在物体出
水过程中气泡与自由面之间的相互影响。

　　首先, 观察图 6.44(a), 此图为气泡刚被释放时的示意图, 气泡的初始位置跟之
前一致, 是物体总长度的 2/3 处, 其所对应的时间为气泡 2 发生射流然后从物体
表面脱落的时间。在这个时刻下, 气泡 3 内部压力较大, 在接下来的时间内会迅速
膨胀到最大体积处, 同时自由面的形状也未发生明显的变化。

其次，观察图 6.44 (b)，此图像所呈现的是气泡体积达到最大值时的图像，分析图像可以发现，气泡的形状较第八章所得的结果并没有发生明显的改变，但自由面则不然。与图 6.43 进行对比可以很明显发现，在自由面刚刚过渡到接近水平状态时会产生略微的凸起，这一凸起看起来就仿佛是在自由面上产生了一个小 "环状波浪"。进一步观察自由面上的凸起可以发现，自由面上形状变化最大部分并没有出现在沿着物体表面的水层以及由水层向水平面过渡的区域，而是出现在了过渡段的外侧区域，再考虑在图 6.35(a) 中所得到结果可以得出结论：对于本书所考虑的工况，不论是在近自由面还是在物体出水的过程中，气泡对于自由面影响最大的区域出现在距离自由面中心一段距离的环形区域内。

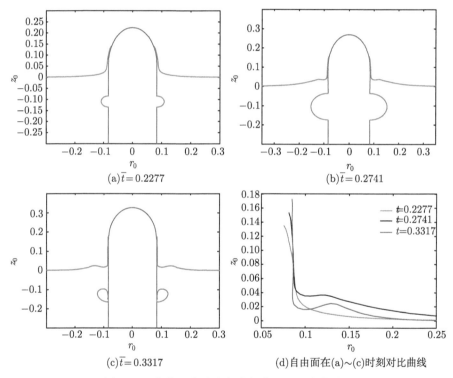

(a)$\bar{t}=0.2277$

(b)$\bar{t}=0.2741$

(c)$\bar{t}=0.3317$

(d)自由面在(a)~(c)时刻对比曲线

图 6.44　物体出水阶段气泡与自由面形态变化图

最后，来看图 6.44(c)，在气泡坍塌阶段，自由面的环状凸起在继续，表现为自由面上的凸起较气泡达到最大体积时会变得更加清晰，同时仔细观察可以发现凸起的位置较图 6.44(b) 中向外部扩散了一些。在气泡方面，可以看到气泡出现了明显的 "向下射流"，这是因为在此工况下气泡与自由面之间的距离较近，自由面对气泡的作用力要大于气泡所受的浮力，气泡射流方向主要由自由面来决定。

图 6.44(d) 提供了气泡 3 对应于图 6.44(a)~(c) 中自由面的形态对比。在此图

像中自由面是被放在大地坐标系中进行对比的。图中长虚线到短虚线这一过程对应着气泡的膨胀阶段，可以发现，除了自由面上的凸起之外，自由面整体的高度在这一过程也有了明显的抬升；而当自由面由短虚线变换到实线这一过程对应着气泡的收缩阶段，自由面的高度出现了一定的下降。进而可以推测在当气泡进入收缩阶段后，其对自由面向上的推动作用会减弱，因此自由面高度会在重力的作用下下降。然而虽然高度有所下降，但凸起的趋势会变得更加明显，这与单个气泡与自由面相互作用过程中，随着气泡背离自由面射流的发展，自由面的水冢越来越细高[15] 是类似的。类似地，本文可将此现象称为"环状水冢"。另外观察自由面与物体交界点位置的绝对坐标可发现，贴服于物体上的自由面，仍在物体的带动下向上运动。

总结图 6.44 所得到的结论可以发现，在物体出水过程中，气泡跟自由面之间的距离会直接影响两者之间的相互作用。当距离较远时，自由面形态不会发生明显的改变，而当距离较近时，自由面会被明显地抬升呈现"环状水冢"现象，而气泡的射流也会转变为"向下射流"的形态。

在之前所讨论的工况中，气泡的初始位置与自由面之间的距离都没有十分接近，致使气泡在膨胀过程中只会把自由面顶起而不会在自由面破裂。但如果气泡的初始位置距离自由面足够近的话，在气泡膨胀的过程中气泡会出现破裂出水的情况，有关这一工况的具体探究将在 6.6.2 小节中给出。

接下来分析带气泡物体相关物理量在出水前后的变化规律。

观察图 6.45(a) 可以发现，在物体顶部出水前后流体作用力的数值并没有发生太大的变化，图形基本上是连续的。出现这一现象的原因是物体顶部在出水前贴服在其表面的水层是很薄的，且其内部的压力与本文中定义的无穷远处压力是基本相等的，因此在数值上切掉这一部分水层对于物体水下部分的压力分布是没有很大影响的，进而流体力的数值也不会发生突变。从图 6.45 可见，流体力呈现先下降后上升的趋势，与图 6.33(b) 的流体力变化趋势略有不同。这可以从图 6.45(b) 中分析得到。图 6.45(b) 给出了气泡 2 初始时刻物体表面的压力分布。可以发现在气泡 2 开始运动时，由于物体顶部与自由面之间距离变得更小，顶部更大局域内压力已经与自由面上压力相等，同时受到气泡 2 开始运动时内部压力较高的影响，物体底部的压力要明显大于物体顶部，使得流体力在此时刻的数值变得很大。之后随着气泡体积增加，内部压力减小，物体底部的压力开始降低，而物体顶部压力在自由面的影响下减小的幅度要小于物体底部，最终使得流体力逐渐减小直到气泡开始收缩为止。但是整个过程中，物体尾部的压力始终大于顶部，所以流体力一直是正值。

在图 6.46 中给出了气泡 2 工况下流场动能以及气泡体积的变化曲线。观察图 6.46(a) 可以发现，物体顶部出水后流场动能会略微增加，但变化趋势是基本连续的；分析图 6.46(b) 可以发现物体顶部出水前后气泡体积变化是不受影响的。

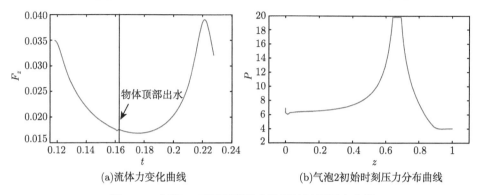

图 6.45　气泡 2 工况下流体力及初始时刻压力曲线

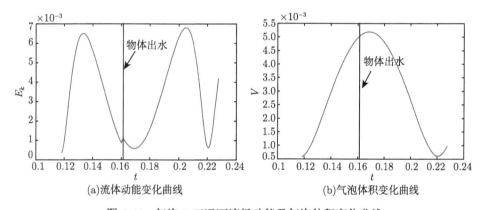

图 6.46　气泡 2 工况下流场动能及气泡体积变化曲线

　　总结图 6.45 和图 6.46 可以发现，在物体顶部出水时物体受到的流体作用力以及流场动能在数值上会有略微的变化，但之后的变化趋势是一致的。而跟气泡相关的物理量如气泡体积是不受物体出水的影响的。当物体出水之后，各个物理量的变化规律与出水之前是基本一致的。

6.6.2　气泡破裂水面阶段

　　在本小节中会对物体出水时所携带气泡在自由面处破裂这一工况进行讨论。在 6.6.1 小节曾讨论过在物体出水时，如果气泡与自由面之间的距离足够近，则自由中心两侧会在气泡的作用下产生一定的凸起，因此可以设想当气泡与自由面之间的距离足够小时，气泡在膨胀时会触碰到自由面进而在自由面处破裂形成波浪。

　　为了使气泡满足能够在自由面处破裂这一条件，气泡在物体上的初始位置在本小节中要有所提高，其值选定为距离物体底面为物体总长度的 3/4，其余参数与

6.6.1 小节中气泡 2 出水保持一致。

图 6.47 为气泡在自由面处破裂之前以及初始位置的图像, 观察图 6.47(a) 可以看到, 为了使气泡能够在自由面处破裂, 数值模型中气泡初始位置与自由面之间的距离是很近的, 进一步观察图 6.47(b) 可以发现当气泡与自由面之前的初始距离足够近时, 气泡在膨胀过程中形状会发生明显的改变。在之前的工况中, 气泡在膨胀过程中其截面一直是半圆的形状, 而在这一工况中, 气泡膨胀过程中自由面中的一部分会被顶起, 同时气泡在自由面的吸引作用下而呈现 "巨柱仙人掌" 的形状。随着气泡的进一步膨胀, 可以预见气泡将会在自由面处破裂。与 Ni 等 [9] 研究的单个气泡在自由面的破裂不同, 可以发现环状气泡破裂的位置并不在气泡的正上方而是在气泡的斜上方, 而再一次分析图 6.47(a) 可以发现, 这一个区域也正是气泡上初始位置距离自由面最近的区域, 故而可以进一步证明气泡与自由面之间的相互作用受两者之间距离的影响很大。

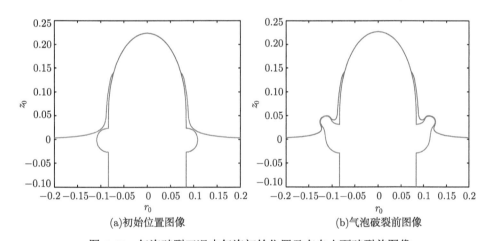

(a)初始位置图像   (b)气泡破裂前图像

图 6.47 气泡破裂工况中气泡初始位置及在自由面破裂前图像

图 6.48 给出了气泡在自由面处破裂后水面的运动形态, 观察图像可以发现, 当气泡在自由面处破裂后断裂的水层会先以较快的速度 (数值计算显示, 速度最大的节点的速度可达到物体上升速度的 7 倍左右) 向上抬升, 在到达一定高度后转变为波浪向远处扩散, 同时形成的水波的高度也逐渐下降, 最终当水面与物体的交界点接近到物体底部时, 远端的水面已经基本水平, 物体附近的水面会出现明显的塌陷, 而物体周围的一圈水则在物体的作用下呈现丘形水冢。这一现象出现的主要原因是因为气泡破裂时气泡内部和自由面处的压力不同, 在气泡破裂的一瞬间, 气泡内部刚开始膨胀不久, 其内部压力要大于自由面上的压力。根据图 6.47(b) 可以判断破裂后这一压力作用是斜向上的。因此当气泡破裂后在压力差的作用下新形成的水层会具备向外扩散以及向上爬升两个方向的速度, 之后随着压力差的逐渐

减小，水波在继续向外扩散的同时会在重力的作用下向下掉落，最终传播到无穷远处，而物体附近的水面会在重力下掉落到物体底部以下。

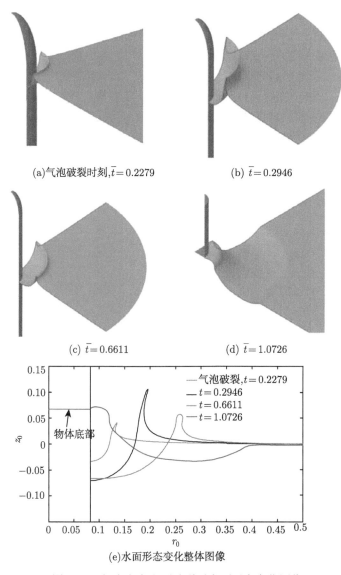

图 6.48   气泡在自由面破裂后水面形态变化图像

在这里需要说明的是，虽然在 6.4 节的分析中，表面张力对于数值模型的影响很小，但是在本小节的工况中则不然。由于气泡在自由面处断裂后所形成的水层的形状十分尖锐，在这种条件下表面张力的影响会变得很大，因此在计算中会将表面张力的影响考虑进来。另外，目前有关底部为平底物体的出水问题还没有很好的数值方法去解决，因此本文所采用的模型只能模拟水层运动到很接近物体底部的位置，数值计算到图 6.48(d) 时终止。

由于气泡破裂后之前被气泡包裹的那部分物体将直接暴露在水面以上，而水面以下的物体则转变为了单纯的圆柱体，因此相关物理量的变化规律可能会发生明显的变化。

图 6.49 给出了在气泡破裂前后物面压力、流体力以及流场动能的变化曲线，从图 6.49(a) 可以看到，气泡破裂前后，在气泡覆盖区域，物面压力从气泡内压突然减小为当地大气压，在气泡下部的物面的压力也较破裂前降低很多，且在距离水面很近的距离产生一个小的压力峰值。说明在距离自由面较近位置，存在一个小的高压区，这在单个气泡在水面破裂的研究中也发现过[9]。从图 6.49(b) 和 (c) 可观测到，当气泡破裂后流体力仍是连续的但具有明显的拐点，而流场动能发生了一定的突变，且之后两者的数值都会趋于稳定。由于气泡覆盖在物体直立表面处，此处压力对于流体力没有贡献。故破裂后流体力数值没有发生突变，而流场动能直接受到气泡表面法向速度和速度势的影响，故在气泡破裂前后会产生明显

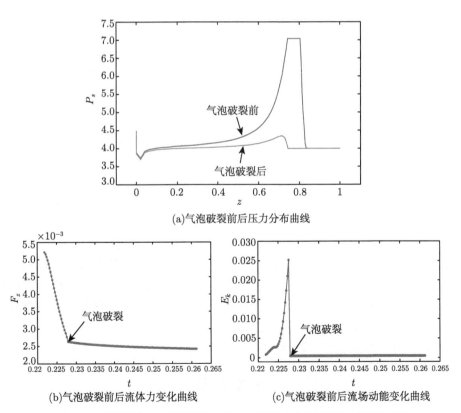

(a)气泡破裂前后压力分布曲线

(b)气泡破裂前后流体力变化曲线　　　(c)气泡破裂前后流场动能变化曲线

图 6.49　气泡破裂前后物面压力分布、流体力以及流场动能变化曲线

的骤减。此后物体表面的压力和速度势以及自由面的速度和速度势都不再受到气泡的影响，数值也不会发生明显变化，所以流体力和流场动能均保持在一个较小的范围内 (例如流场动能大约为气泡破裂前流场动能的 1/50) 微幅变化并趋于稳定。

6.7　本 章 小 结

在前两章关于全湿物体强迫出水和自由出水的基础上，本章进一步研究带有空泡和气泡物体水下航行、接近水面和穿透水面的全过程。仍基于势流理论，采用边界元方法，首先分别介绍带有空泡和带有气泡物体运动的基本理论和数值模型，并介绍了气泡在自由面破裂的数值处理方法等数值技术。在此基础上，分阶段模拟带有空泡物体水下运动，带有气泡物体水下运动、接近水面和穿透水面的过程。通过系统的数值模拟，主要获得以下的一些结论。

对于带有空泡物体水下运动阶段而言，在同一空化数下，顶锥角越大，相对空泡长度越长，相对空泡厚度越厚，空泡厚度与长度之比也越大，说明锥角大的物体空泡比较大和 "肥胖"，锥角小的物体，空泡较小且扁平，圆球头有利于减小空泡；对于同一物体，其空泡长度和空泡厚度均随空化数的减小而增加，对应工程问题为弹体航速越快，距自由面越近，肩空泡越明显。

对于带有气泡物体水下运动阶段而言，在气泡物体运动过程中气泡会在物体表面的 Bjerknes 力作用下在收缩阶段出现射流，且射流的方向会随着流场傅汝德数的减小或浮力增大而逐渐从 "向内射流" 转变为 "斜向射流" 最终变为 "向上射流"。

对于带有气泡物体接近水面阶段而言，自由面会在物体和气泡的共同作用下被顶起；气泡的射流方向由物体、浮力以及自由面对气泡作用力共同作用所决定：坍塌阶段物体会吸引射流，浮力和自由面对射流的影响是相反的，浮力促使射流向上发展而自由面促使射流向下发展，且自由面会促使气泡整体向下移动。

对于带有气泡物体穿透水面阶段而言，当气泡与自由面之间距离较近时，气泡射流会在自由面的作用下转变为 "向下射流"，同时自由面四周会在气泡的作用下形成明显的凸起，凸起的位置在自由面上与气泡初始位置距离最小的区域；在合适的工况下气泡会在自由面处破裂，气泡破裂后断裂的水层会迅速上升并向外运动，呈现环状波浪的形态向外扩散，相应的物理量如物体表面压力和流场动能等在气泡破裂时会发生突变，之后保持微幅变化直至物体完全出水；表面张力在气泡破裂过程中对流体尖角具有较大影响，不可以忽略。

参 考 文 献

[1]　Ingber M S , Hailey C E. Numerical modeling of cavities on axisymmetric bodies at zero

and non-zero angle of attack [J]. International Journal of Numerical Methods in Fluids, 1992, 15: 251–271.

[2] Rowe A , Blottiaux O D. Aspects of modeling partially cavitating flows [J]. Journal of Ship Research, 1993, 37(1): 34–48.

[3] Kinnas S A, Mazel C H. Numerical versus experimental cavitation tunnel [J]. Journal of Fluids Engineering, 1993, 115(12): 760–765.

[4] Xue Y Z, Cui B. NI B Y, Numerical study on the vertical motion of underwater vehicle with air bubbles attached in a gravity field [J]. Ocean Engineering, 2016, 18: 58-67.

[5] Miksis M J, Vanden-Broeck J M, Keller J B. Rising bubbles [J]. Journal of Fluid Mechanics. 1982, 123: 31–41.

[6] 倪宝玉. 水下黏性气泡 (空泡) 运动和载荷特性研究 [D]. 哈尔滨: 哈尔滨工程大学, 2012.

[7] Zhang A M, Ni B Y. Three-dimensional boundary integral simulations of motion and deformation of bubbles with viscous effects [J], Computers & Fluids, 2014, (92): 22–33.

[8] Li S, NI B Y. Simulation on the interaction between multiple bubbles and free surface with viscous effects [J]. Engineering Analysis with Boundary Elements, 2016, 68: 63–74.

[9] Ni B Y, Zhang A M, Wu G X. Simulation of a fully submerged bubble bursting through a free surface [J]. European Journal of Mechanics B/Fluids, 2016, 55: 1–14.

[10] Grilli S T, Svendsen I A. Corner problems and global accuracy in the boundary element solution of nonlinear wave flows [J]. Engineering Analysis with Boundary Elements, 1990, 7: 178–195.

[11] Rouse H, McNown J S. Cavitation and pressure dist ribution, head forms at zero angle of yaw [D]. Studies in Engineering, Bulletin 32. Iowa City, USA: State University of Iowa, 1948.

[12] NI B Y, Zhang A M. Wu G X. Numerical simulation of motion and deformation of ring bubble along body surface [J]. Applied Mathematics and Mechanics(English edition), 2013, 34(12): 1495–1512.

[13] 崔冰. 带有气泡的回转体出水全过程数值模拟研究 [D]. 哈尔滨: 哈尔滨工程大学, 2017.

[14] 张阿漫, 姚熊亮. 近自由面水下爆炸气泡的运动规律研究 [J]. 物理学报, 2008, 57(1): 340–352.

[15] 张阿漫. 水下爆炸气泡三维动态特性研究 [D]. 哈尔滨: 哈尔滨工程大学, 2006.

附　　录

为了考虑流体效应对于小体积气泡的影响，这里提供气泡边界层理论在轴对称条件下的具体推导，供读者参考。考虑不可压缩、动力黏性系数恒定的牛顿流体，根据亥姆霍兹速度分解定理[1]，流场中任意一点速度 U 均可以分解为无旋的速度 $u = \nabla\Phi$ 和有旋的速度 $v = \nabla \times a$。对于不可压缩流体的质量守恒方程则为

$$\nabla \cdot U = \nabla \cdot (u + v) = \nabla^2\Phi + \nabla \cdot (\nabla \times a) = \nabla^2\Phi = 0 \tag{A.1}$$

对于不可压缩流体的动量守恒方程为 N–S 方程：

$$\frac{\partial}{\partial t}(u + v) - (u + v) \times [\nabla \times (u + v)] + \frac{1}{2}\nabla\,|u + v|^2 = g - \frac{\nabla P}{\rho} + \frac{\mu}{\rho}\nabla^2(u + v) \tag{A.2}$$

式中，t 是时间，g 是重力加速度，P 是压力，μ 是流体的动力黏性系数。为了将黏性部分和无黏部分分开，这里引入黏性压力 P_{vc} 如下：

$$-\nabla P_{vc} = \rho\left[\frac{\partial v}{\partial t} + (v \cdot \nabla)v - u \times (\nabla \times v)\right] - \mu\nabla^2 v \tag{A.3}$$

将公式 (A.3) 带入到公式 (A.2) 中，整理有

$$\frac{\partial \Phi}{\partial t} + \frac{1}{2}\,|\nabla\Phi|^2 + v \cdot \nabla\Phi + \frac{P - P_{vc}}{\rho} + gz = \frac{P_\infty}{\rho} \tag{A.4}$$

式中，P_∞ 是无穷远处环境压力，有 $P_\infty = P_{\text{atm}} + \rho g h$，其中 P_{atm} 是大气压力。

在气泡和自由液面界面处，根据杨氏–拉普拉斯方程，可知法向应力平衡条件为

$$P_{\text{g}} - P_{\text{l}} + \tau_n = \tilde\sigma\kappa \tag{A.5}$$

式中，P_{g} 是界面处气体压力，对于气泡有 $P_g = P_v + P_0(V_0/V)^\iota$，其中，$P_v$ 是饱和蒸汽压，P_0 和 V_0 分别是气泡初始形成时的压力和体积，V 是气泡体积，t 是气泡内气体的比热比；对于自由面有 $P_g = P_{\text{atm}}$。P_{l} 是界面处液体压力。$\tilde\sigma$ 是表面张力系数，κ 是界面的局部曲率，τ_n 是法向黏性应力。当流场的无旋速度 $\nabla\Phi$ 在总速度中占主导地位时，法向黏性应力可近似为 $\tau_n = 2\mu(\partial U_n/\partial n) = 2\mu[(\partial u_n/\partial n) + (\partial v_n/\partial n)] \approx 2\mu(\partial^2\Phi/\partial n^2)$。

对于切向应力，由于气泡内气体和自由液面的大气的动力黏性系数相对于流体都十分小，故可认为在气泡表面和自由液面的交界处切向黏性应力为 0。但是，

无旋速度 $\boldsymbol{\nabla}\Phi$ 在界面处诱导的切向应力却不为 0，即 $\tau_s = 2\mu(\partial\Phi_\tau/\partial n) \neq 0$。如果直接采用切向应力为 0 的切向应力连续条件，则无旋速度诱导的切向应力在边界处的做功则被人为忽略了。为了弥补这一非 0 的切向应力的贡献，根据 Joseph 和 Wang [2] 的推导，有黏性压力的法向做功与非 0 的切向应力的切向做功相等：

$$\int_S \boldsymbol{u} \cdot \boldsymbol{n}(-P_{vc})\mathrm{d}S = \int_S \boldsymbol{u} \cdot \boldsymbol{\tau}\tau_s\mathrm{d}S \tag{A.6}$$

式中，S 是流域的所有边界。

采用公式 (A.3) 直接求解黏性压力 P_{vc} 在数值上具有极大困难，这使得我们不得不寻找求解 P_{vc} 的其他方法。这里我们引用 Joseph 和 Wang[2] 的一个经验性假设条件，认为黏性压力与无旋速度诱导的法向应力成正比，即

$$P_{vc} = -C\tau_n = -2\mu C(\partial^2\Phi/\partial n^2) \tag{A.7}$$

其中，C 是未知的比例系数，联合方程 (A.6) 和 (A.7) 有

$$C = \frac{\displaystyle\int_S \boldsymbol{u} \cdot \boldsymbol{\tau}\tau_s\mathrm{d}S}{-2\mu\displaystyle\int_S \boldsymbol{u} \cdot \boldsymbol{n}(\partial^2\Phi/\partial n^2)\mathrm{d}S} \tag{A.8}$$

将方程 (A.5) 和 (A.7) 带入方程 (A.4) 中，则分别可以获得在气泡表面和自由表面处的全非线性动力学边界条件：

$$\frac{D\Phi}{Dt} = \frac{1}{2}\left|\boldsymbol{\nabla}\Phi\right|^2 - 2\nu(1+C)\frac{\partial^2\Phi}{\partial n^2} + \frac{\sigma\kappa}{\rho} - gz - \frac{P_c + P_0(V_0/V)^\iota - P_\infty}{\rho}\text{气泡} \tag{A.9}$$

$$\frac{D\Phi}{Dt} = \frac{1}{2}\left|\boldsymbol{\nabla}\Phi\right|^2 - 2\nu(1+C)\frac{\partial^2\Phi}{\partial n^2} + \frac{\sigma\kappa}{\rho} - g(z-h)\text{自由面} \tag{A.10}$$

当气泡破裂后，气泡表面和自由面融合为一体，则公式 (A.9) 不在适用，直接采用 (A.10) 作为自由面的动力学边界条件。

拉格朗日系统中气泡和自由表面的全非线性运动学边界条件仍为

$$\frac{Dx}{Dt} = \boldsymbol{\nabla}\Phi \tag{A.11}$$

最后，在无穷远处扰动为 0，则无穷远边界条件为

$$\Phi \to 0, \quad (\sqrt{x^2+y^2+z^2} \to \infty) \tag{A.12}$$

如第 2 章所示，拉普拉斯方程 (A.1) 仍可以采用格林第三公式 (2.2.1) 进行求解，相关边界积分方程的数值求解参见 2.3 节。

通过观察可发现,对于黏性效应,通过边界层理论主要转换为动力学边界条件 (A.9) 和 (A.10) 的改变。主要的难点在于求解方程 (A.9) 和方程 (A.10) 中速度势的法向二阶导数 $\dfrac{\partial^2\Phi}{\partial n^2}$ 和待定系数 C,而待定系数 C 又可以通过方程 (A.8) 可知,计算的难点在于切向应力 τ_s。这里将依次推导法向二阶导数 $\dfrac{\partial^2\Phi}{\partial n^2}$ 和切向应力 τ_s 在轴对称坐标系中的解析表达式。

为了推导二者的解析表达式,我们首先给出如图 A.1 所示的笛卡儿坐标系 $O\text{-}xyz$ 和柱坐标系 $O\text{-}r\theta z$。定义在柱坐标的 $O\text{-}rz$ 平面内存在曲线 S,其对应的弧长为 s。对于曲线 S 上给定的一点 M,我们定义局部笛卡儿正交坐标系 (e_n, e_s, e_θ),其中 e_n, e_s 和 e_θ 分别是曲线 S 在 M 点处的法向、切向和周向的单位向量。$O\text{-}rz$ 平面内弧长 s 对应的方位角为 β。

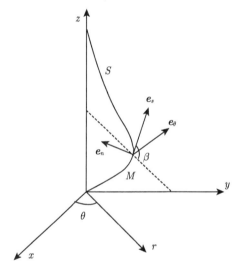

图 A.1　局部笛卡儿坐标系示意图

拉普拉斯方程在局部笛卡儿正交坐标系中可表示[3] 为

$$
\begin{aligned}
\boldsymbol{\nabla}^2\Phi &= \left(\frac{\partial}{\partial n}\boldsymbol{e}_n + \frac{\partial}{\partial s}\boldsymbol{e}_s + \frac{\partial}{r\partial\theta}\boldsymbol{e}_\theta\right)\cdot\left(\frac{\partial\Phi}{\partial n}\boldsymbol{e}_n + \frac{\partial\Phi}{\partial s}\boldsymbol{e}_s + \frac{\partial\Phi}{r\partial\theta}\boldsymbol{e}_\theta\right) \\
&= \frac{\partial^2\Phi}{\partial n^2} + \frac{\partial\Phi}{\partial s}\frac{\partial\boldsymbol{e}_s}{\partial n}\boldsymbol{e}_n + \frac{\partial\Phi}{r\partial\theta}\frac{\partial\boldsymbol{e}_\theta}{\partial n}\boldsymbol{e}_n \\
&\quad + \frac{\partial\Phi}{\partial n}\frac{\partial\boldsymbol{e}_n}{\partial s}\boldsymbol{e}_s + \frac{\partial^2\Phi}{\partial s^2} + \frac{\partial\Phi}{r\partial\theta}\frac{\partial\boldsymbol{e}_\theta}{\partial s}\boldsymbol{e}_s \\
&\quad + \frac{\partial\Phi}{\partial n}\frac{\partial\boldsymbol{e}_n}{r\partial\theta}\boldsymbol{e}_\theta + \frac{\partial\Phi}{\partial s}\frac{\partial\boldsymbol{e}_s}{r\partial\theta}\boldsymbol{e}_\theta + \frac{\partial^2\Phi}{r^2\partial^2\theta} \\
&= 0
\end{aligned}
\tag{A.13}
$$

式中，$\dfrac{\partial e_s}{\partial n} e_n = e_n \cdot \nabla e_s \cdot e_n = 0$, $\dfrac{\partial e_n}{\partial s} e_s = -\dfrac{\partial \beta}{\partial s} e_s \cdot e_s = -\kappa_1$, $\dfrac{\partial e_n}{r\partial \theta} e_\theta = \dfrac{-n_r}{r} e_\theta \cdot e_\theta =$

$-\kappa_2$, κ_1 和 κ_2 分别是切向和周向两个方向主曲率，参见 2.3.3 小节，$\dfrac{\partial e_s}{r\partial \theta} e_\theta =$

$\dfrac{n_z}{r} e_\theta \cdot e_\theta = \dfrac{n_z}{r}$, $\dfrac{\partial \Phi}{r\partial \theta} = 0$。

将公式 (A.13) 进行简化，可得到

$$\frac{\partial^2 \Phi}{\partial n^2} + \frac{\partial^2 \Phi}{\partial s^2} - (\kappa_1 + \kappa_2) \frac{\partial \Phi}{\partial n} + \frac{n_z}{r} \frac{\partial \Phi}{\partial s} = 0 \tag{A.14}$$

将公式 (A.14) 进行变形，并考虑到当 $r = 0$ 时，有 $\lim\limits_{r\to 0} \dfrac{\partial \Phi/\partial s}{r} = \dfrac{\partial^2 \Phi}{\partial^2 s}$ 和 $n_z = 1$，

可获得法向二阶导数 $\dfrac{\partial^2 \Phi}{\partial n^2}$ 的解析表达式为

$$\frac{\partial^2 \Phi}{\partial n^2} = \begin{cases} -\dfrac{\partial^2 \Phi}{\partial s^2} + \kappa \dfrac{\partial \Phi}{\partial n} - \dfrac{n_z}{r} \dfrac{\partial \Phi}{\partial s}, & r > 0 \\[3mm] -2\dfrac{\partial^2 \Phi}{\partial s^2} + \kappa \dfrac{\partial \Phi}{\partial n}, & r = 0 \end{cases} \tag{A.15}$$

对于切向黏性应力 $\tau_s = 2\mu n \cdot \nabla u \cdot \tau$，因为速度 u 是无旋的，二阶张量 ∇u 是对称的，所以：

$$\tau_s = 2\mu n \cdot \nabla u \cdot \tau = 2\mu \tau \cdot \nabla u \cdot n = 2\mu \left(\frac{\partial u_n}{\partial s} + \kappa_1 u_\tau \right)$$

$$= 2\mu \left[\frac{\partial \Phi_n}{\partial s} - \left(n_r \frac{\partial n_z}{\partial s} - n_z \frac{\partial n_r}{\partial s} \right) \frac{\partial \Phi}{\partial s} \right] \tag{A.16}$$

将公式 (A.16) 进行变形，考虑到到当 $r = 0$ 时，有 $n_r \dfrac{\partial n_z}{\partial s} = 0$ 和 $n_z = 1$，可以获得切向黏性应力 τ_s 的解析表达式为

$$\tau_s = \begin{cases} 2\mu \left[\dfrac{\partial \Phi_n}{\partial s} - \dfrac{\partial \Phi}{\partial s} \left(n_r \dfrac{\partial n_z}{\partial s} - n_z \dfrac{\partial n_r}{\partial s} \right) \right], & r > 0 \\[3mm] 2\mu \left(\dfrac{\partial \Phi_n}{\partial s} + n_z \dfrac{\partial n_r}{\partial s} \dfrac{\partial \Phi}{\partial s} \right), & r = 0 \end{cases} \tag{A.17}$$

将公式 (A.15) 和式 (A.17) 代入公式 (A.8) 中即可求得未知系数 C，再将未知系数

C 和公式 (A.15) 中的法向二阶导数 $\dfrac{\partial^2 \Phi}{\partial n^2}$ 代入动力学边界条件 (A.9) 和式 (A.10)

中，即可获得考虑边界层内的黏性效应。

参 考 文 献

[1] Batchelor G K. An Introduction to Fluid Dynamics [M]. Cambridge, UK: Cambridge University Press, 1967.

[2] Joseph D D, Wang J. The dissipation approximation and viscous potential flow [J]. Journal of Fluid Mechanics, 2004, 505: 365–377.

[3] Zhang A M, Ni B Y. Three-dimensional boundary integral simulations of motion and deformation of bubbles with viscous effects [J]. Computers & Fluids, 2014, (92): 22–33.

编 后 记

  《博士后文库》（以下简称《文库》）是汇集自然科学领域博士后研究人员优秀学术成果的系列丛书。《文库》致力于打造专属于博士后学术创新的旗舰品牌，营造博士后百花齐放的学术氛围，提升博士后优秀成果的学术和社会影响力。

  《文库》出版资助工作开展以来，得到了全国博士后管委会办公室、中国博士后科学基金会、中国科学院、科学出版社等有关单位领导的大力支持，众多热心博士后事业的专家学者给予积极的建议，工作人员做了大量艰苦细致的工作。在此，我们一并表示感谢！

《博士后文库》编委会

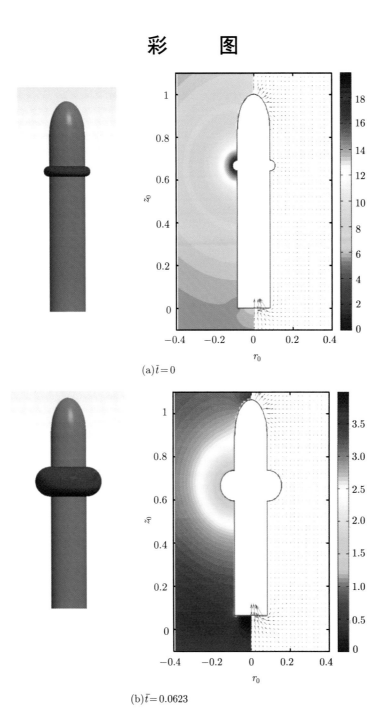

(a) $\bar{t}=0$

(b) $\bar{t}=0.0623$

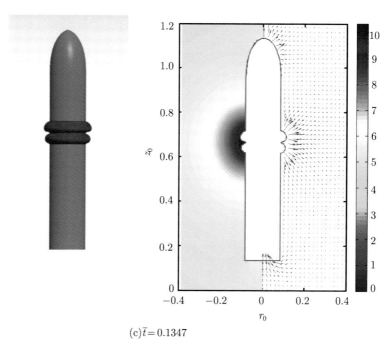

(c)$\bar{t}$ = 0.1347

图 6.15 在 3 个典型时刻下气泡形态、位置、流场压力分布以及速度矢量分布图